TIGER

火枪手阅读计划
Reading Plan of Musketeers

虎式坦

鱼鹰军事经典译丛

克全书

[英] 托马斯·安德森（Thomas Anderson） 著

王行健　常旸　等译

《虎式坦克全书》从研发历程、机动性、火力、防护性、作战运用、维修等维度，全景剖析了虎式坦克、"虎王"坦克及其衍生车型的性能特点和综合实力，延伸探讨了第二次世界大战时期的德国坦克设计思想，同时全面介绍了同盟国军队针对虎式坦克和"虎王"坦克开发的实用战术策略。

本书由英国权威战史专家托马斯·安德森撰写，作者基于德国联邦档案馆和英国博文顿坦克博物馆等机构保存的战时资料，节选了大量作战报告、战时通令和官方往来信件，力求以严谨、专业、客观的视角，还原虎式坦克、"虎王"坦克及其衍生车型的真实面貌。此外，作者还精选了数百幅珍贵历史照片，以及战时出版的《虎式插图手册》等纸质资料复印件，极具观赏和收藏价值。

本书是广大军事爱好者、历史爱好者和模型爱好者不可错过的经典军事科普读物。

TIGER/ by Thomas Anderson/ ISBN: 978-1-4728-2204-8
©Osprey Publishing, 2017
All rights reserved.
This edition published by China Machine Press by arrangement with Osprey Publishing, an imprint of Bloomsbury Publishing PLC.
This title is published in China by China Machine Press with license from Osprey Publishing. This edition is authorized for sale in the Chinese mainland (excluding Hong Kong SAR, Macao SAR and Taiwan). Unauthorized export of this edition is a violation of the Copyright Act. Violation of this Law is subject to Civil and Criminal Penalties.

本书由Osprey Publishing授权机械工业出版社在中国大陆地区（不包括香港、澳门特别行政区及台湾地区）出版与发行。未经许可的出口，视为违反著作权法，将受法律制裁。

北京市版权局著作权合同登记　图字：01-2019-0282号。

图书在版编目（CIP）数据

虎式坦克全书/（英）托马斯·安德森（Thomas Anderson）著；王行健等译. —北京：机械工业出版社，2020.7（2024.3 重印）
（鱼鹰军事经典译丛）
书名原文：Tiger
ISBN 978-7-111-65711-8

Ⅰ.①虎⋯ Ⅱ.①托⋯②王⋯ Ⅲ.①第二次世界大战-坦克-介绍-德国 Ⅳ.①E923.1

中国版本图书馆CIP数据核字（2020）第090142号

机械工业出版社（北京市百万庄大街22号　邮政编码183810）
策划编辑：孟　阳　　　　　　责任编辑：孟　阳
责任校对：李亚娟　张　薇　　封面设计：马精明
责任印制：孙　炜
北京利丰雅高长城印刷有限公司印刷
2024年3月第1版第3次印刷
169mm×239mm・16印张・2插页・347千字
标准书号：ISBN 978-7-111-65711-8
定价：118.00元

电话服务　　　　　　　　　　网络服务
客服电话：010-88361066　　机 工 官 网：www.cmpbook.com
　　　　　010-88379833　　机 工 官 博：weibo.com/cmp1952
　　　　　010-68326294　　金 书 网：www.golden-book.com
封底无防伪标均为盗版　　　　机工教育服务网：www.cmpedu.com

目　录

本书涉及图标含义

第 1 章　研发历程　　　　　　　　　　　　1

第 2 章　部队编制　　　　　　　　　　　　17

第 3 章　机动性　　　　　　　　　　　　　47

第 4 章　火力　　　　　　　　　　　　　　69

第 5 章　装甲　　　　　　　　　　　　　　85

第 6 章　作战　　　　　　　　　　　　　　97

第 7 章　维修　　　　　　　　　　　　　　191

第 8 章　如何对付虎式坦克　　　　　　　　221

第 9 章　总结　　　　　　　　　　　　　　233

致谢　　　　　　　　　　　　　　　　　　248

本书涉及

摩托车	挎斗摩托车	虎式坦克
配装 50mm 口径炮的三号坦克	2 吨级制式卡车	3 吨级制式卡车
4.5 吨级制式卡车	中型人员输送车	虎式坦克指挥车
三号坦克空地联络车	大众 166 水陆两用车	半履带运输车

图标含义

Kfz. 1	Sd.Kfz 10/4 / Sd.Anh 52	Sd.Kfz 251/8
小型乘用车	配装 20mm 口径 FlaK 38 型炮的半履带自行高炮（拖挂单轴弹药车）	半履带救护车
(半履带摩托车图标)	Sd.Kfz 7/1	Lkw. 4,5 to / Sd.Anh 52
半履带摩托车	配装四联装 20mm 口径 Flakvierling 38 型炮的半履带自行高炮	4.5 吨级制式卡车拖挂单轴弹药车
Lkw. 4,5 to / L.Ger. D	Kfz 100	Sd.Kfz 9/1
4.5 吨级制式卡车拖挂发电机	3 吨级轮式吊车	6 吨级半履带吊车

研发历程 1

虎式坦克（Panzerkampfwagen VI）也许是世界上知名度最高，也最具传奇色彩的一型武器。1942年下半年刚刚走上战场时，虎式坦克就肩负着战争宣传的使命——纳粹政府控制下的国家媒体用它来宣扬德国武器的优越性，在德军经历了斯大林格勒战役（1942年8月23日—1943年2月2日）的溃败后，更呈愈演愈烈之势。

一位曾在德国国防军第503重型装甲营服役的军官如是写道：

"我们有最好的坦克，更重要的是，我们的战术和士气都明显强过对手。只要没有攻击机的干扰，我们就能轻而易举地击败任何对手，即使以一当三也没问题。"

颇为讽刺的是，一些英国媒体似乎也在不遗余力地为德国武器摇旗呐喊——88mm口径高射炮和虎式坦克是他们最为推崇的两个题材。

那么，虎式究竟是一型怎样的坦克呢？有关它的种种传闻是真是假？虎式真的坚不可摧吗？令人生畏的88mm口径坦克炮到底好不好用？还有，虎式的可靠性真的如传说中那样不堪吗？这些问题你都能在本书中找到答案。

近代史上有三件大事影响了德国军事战略规划，也影响了虎式坦克的孕育与发展。第一件大事是第一次世界大战德国战败，签订了《凡尔赛和约》（Treaty of Versailles）。简而言之，依据《凡尔赛和约》，德国必须对发动战争负责。因此，德国在领土上做出了极大让步，所有海外殖民地都拱手让与战胜国，东部的大片领土割让给波兰和捷克斯洛伐克，而西部的萨尔区（Saar）成了法国的一部分。同时，德国还要用煤炭、木材、食物等货品来支付巨额战争赔偿。在军事方面，德国军队的规模被限制在10万人以下，且不得保留坦克一

◀ 摄于1943年8月，这是梅尔虎式战斗群（Tigergruppe Meyer）的8辆虎式坦克之一，车名"恶棍"（Strolch），喷涂在车首。该车车体底色为暗黄色，有橄榄绿色迷彩条纹，可能还有红棕色条纹。炮塔上涂有战斗群使用的1位数字战术编号，首下装甲部位绘有带波罗的海十字（Baltenkreuz）的盾形战斗群徽标

▲ T-34坦克令入侵苏联的德军部队大为震惊,它的倾斜装甲防护性可观,多数德军武器都无法将其击穿,它威力强大的长身管76.2mm口径F-34主炮能击毁德军当时所有现役战车。T-34坦克的推重比很高,机动性领先同期其他坦克,宽幅履带更令它如虎添翼

类的先进武器。

法国的福煦将军(Major General Foch)曾为此预言道:"这不是和平,这只是二十年的休战。"

当时,多数德国公民都认为《凡尔赛和约》是丧权辱国的和约。战争结束后的十年中,德国的很多政治派别都想利用这种蠢蠢欲动的反抗情绪建立新的意识形态,这导致一些民族主义政党迅速发展壮大,结果是希特勒乘势夺取了政权。掌权后,希特勒下令开展了一系列公开或暗中违反《凡尔赛和约》的行动,且没有受到任何阻碍。1935年,德国组建了第一个装甲师。

第二件大事是截至1941年初,德国已经对波兰和西欧大部分国家实施了侵略,准确地说,是只付出了微小代价就将他们一一征服。这时的德国民族主义情绪高涨,德军在战略战术层面展现出的高水平,以及装甲部队在战斗中扮演的无往不利的矛头角色,似乎都在印证纳粹政府的宣传——德国是最优秀的国家!

最后一件大事是"巴巴罗萨"行动(Barbarossa)——1941年6月22日,德国入侵苏联。德军在前期势如破竹,但最终没能达成战略目标。苏联的严冬使德军在烂泥和大雪中止步不前,没能如期推进到阿尔汉格尔斯克-阿斯特拉罕(Archangelsk-Astrakhan)一线。

除天气外,东线德军所面临的另一个严峻问题,是苏军新型坦克愈发频繁地出现在战场上。看似落后的苏联,悄然开发了两型性能优异的坦克:第一型是T-34中型坦克,它基于美国的"克里斯蒂"快速坦克(Christie)发展而来,1940年投入生产。T-34在设计上是革命性的,其车体布置了防护性能(相对垂直装甲)更佳的倾斜装甲,搭载一台运转可靠的V-2型十二缸柴油机,同时配装一门高初速F-34型76.2mm口径主炮。总之,T-34比当时世界上任何一型坦克都要先进。

第二型是KV-1重型坦克,乍看之下,它似乎采用了相比T-34更传统的设计。然而,这型坦克实际上拥有极其坚固的装甲,还有与T-34相同的F-34型坦克炮(译者注:原文此处有误,KV-1的主炮多为ZIS-5型)和柴油机。T-34和KV-1的动力–传动总成都布置在车体后部,这一设计节省了宝贵的车内空间,在当时可谓超前。

1941年夏天,T-34和KV-1的出现令德军猝不及防,他们不得不重新制定相关战术,同时动用了包括88mm口径高炮在内的各类高炮,以及中、重型火炮来应对这一新威胁。德军的步兵指挥官们首次面临"坦克危机"(Panzerschreck)——在发现这些来自苏联的"钢铁怪兽"属实不好对付,甚至命中多发炮弹仍难以伤其毫毛后,前线的德军官兵开始感到绝望,而绝望又常常会发展成恐慌——随之而来的就是不顾一切地转身逃跑。尽管这种情况没有持续多久,但"坦克危机"的确成了前线德军官兵记忆中挥之不去的阴影。

随着战事越拖越久,送到前线的补充兵年龄越来越小,训练水平逐渐下降,装备水平也不尽如人意,然而,他们却要面对越来越多

▼ 摄于1941年夏,德军官兵正在检查一辆1939年型KV-1坦克,该坦克的炮塔被37mm和50mm口径反坦克炮直接击中14次,车体上也有弹痕,但没有一枚炮弹能击穿它的装甲。(德军)只能派出勇敢的反坦克小组抵近攻击,或利用88mm口径高炮直瞄射击,才可能击毁KV-1坦克。这辆KV-1坦克配装76.2mm口径马卡诺夫(Machanov)L-11型炮

第二次世界大战前的德国坦克关键性能指标

型号	重量 /t	发动机类型	推重比	最高行驶速度 /（km/h）	对地压强 /（kg/cm²）	公路续驶里程 /km	越野续驶里程 /km	最大装甲厚度 /mm	武器
一号坦克 A 型	5.4	60hp 汽油机	11.1	37	0.39	140	93	13	2 挺机枪
二号坦克 C 型	8.9	140hp 汽油机	16	40	0.73	190	126	14.5	1 门 20mm 口径机关炮，1 挺机枪
三号坦克 E 型	19.5	265hp 汽油机	13.6	67	0.92	165	95	30	1 门 37mm 口径坦克炮，2 挺机枪
四号坦克 B 型	18.5	265hp 汽油机	14.3	42	0.77	210	130	30	1 门 75mm 口径坦克炮，2 挺机枪

注：1hp=0.75kW

德国实验型重型坦克关键性能指标 1

型号	设计方	重量 /t	动力形式	输出功率 /hp	最高行驶速度 /（km/h）	最大装甲厚度 /mm 车体	炮塔
VK 30.01（P）	保时捷	30	油电混合动力	2×210	60	50	不详
VK 30.01（H）	亨舍尔	30	汽油机	300	35	60	不详
VK 36.01（H）	亨舍尔	36~40	汽油机	550	40	100	不详
VK 45.01（P）	保时捷	59	油电混合动力	2×320	35	100	80
VK 45.01（H）/ 虎式 E 型	亨舍尔	55	汽油机	650	45	100	100

德国实验型重型坦克关键性能指标 2

型号	公路续驶里程 /km	越野续驶里程 /km	对地压强 /（kg/cm²）	计划搭载主武器	制造完成情况
VK 30.01（P）	不详	不详	0.9	75mm 口径 KwK L/24 型或 105mm 口径坦克炮	只完成 1 具车体
VK 30.01（H）	不详	不详	0.9	75mm 口径 KwK L/24 型坦克炮	4 辆
VK 36.01（H）	不详	不详	0.9	0725 型锥膛炮	只完成 1 具车体
VK 45.01（P）	80	不详	1.06	88mm 口径 KwK L/56 型坦克炮	10 辆
VK 45.01（H）/ 虎式 E 型	100	60	1.04	88mm 口径 KwK L/56 型坦克炮	1346 辆

的苏联坦克。随着士气的走低，越来越多的德军官兵在面对苏军的人海战术时选择逃之夭夭。诸多档案表明，德军各级指挥部门都曾爆发过有关如何解决这一难题的争论，而最高统帅部的回复却异常简单："作为战斗中的主心骨，尉官和士官们应尽好他们的本分，带领大家作战！"

20 世纪 30 年代的德国装甲部队

在 20 世纪 30 年代重振军事工业后,德国相继研制了多型轻型和中型坦克,而且所有工作都高度保密,每个项目都有对应的代号。

第一型进入批量生产阶段的坦克代号 LAS(Landwirtschaftlicher Ackerschlepper,农业拖拉机),即日后的一号坦克(PzKpfw I)。一号坦克的开发始于 20 世纪 20 年代,作为一型装备了两挺机枪的轻型坦克,它奠定了此后十余年德国坦克的基本布局——发动机后置,传动机构前置,驾驶员在车体前部。一号坦克配装一座机枪塔,装备有无线电台,这在当时是很先进的。德军以一号坦克为基础组建了多个装甲师,同时训练了数以千计的装甲兵。德军的摩托化水平并不像美军那么高,但依靠数量有限的摩托化作战单位训练出了为数众多的战略/战术人才。到第二次世界大战时,一号坦克的战术价值已经非常有限。但我们不能忽视的是,作为一型在秘密条件下开发且启动资金有限的轻型坦克,一号坦克曾发挥了非常重要的作用——它是德军第一型大规模装备的、可用于实战的坦克。

▼ 一号坦克是德军的第一型量产坦克。早期组建的德军装甲师都列装过这型坦克,它同时用于训练坦克车组。该坦克配装 2 挺 MG 13 机枪,装甲仅能抵御小口径武器射击。尽管实战价值不高,但一号坦克在第二次世界大战的前两年表现活跃,德军后采用其底盘开发了多型自行火炮(Selbstfahrlafette)

▲ 二号坦克采用轻型装甲,配装 1 门 20mm 口径 KwK 30 型机关炮,在进攻和消灭敌步兵阵地方面表现较出色。尽管二号坦克到第二次世界大战后期已显落伍,但 1944 年编制的德国陆军突击炮旅(Heeres-StuG-Brigaden)下属的护卫坦克连(Panzer-Begleit-Kompanien)中仍有它的身影

20 世纪 30 年代初,德军还开发了多个型号的轻型坦克,包括配装 20mm 口径 KwK 30 型机关炮(Kampfwagenkanone,战车炮)和 1 挺机枪,代号 LAS 100 的轻型坦克——最终定型为二号坦克(PzKpfw Ⅱ),它的轻装甲能抵御小口径穿甲弹的攻击。二号坦克投入战场后,德军发现它并不能在轻型坦克连(leichte Panzerkompanie)中扮演适宜的战术角色。三号坦克(PzKpfw Ⅲ)的开发代号是"排长指挥车"(Zugführerwagen,ZW),它最初配装一门 37mm 口径 KwK 36 型坦克炮和 3 挺 7.92mm 口径 MG 34 机枪,采用只能抵御轻武器攻击的轻装甲。不过,三号坦克的装甲和武器都有升级冗余,后期改进型换装了 50mm 口径 KwK 39 L/60 型坦克炮,能有效对抗敌军坦克。

德国在第二次世界大战前开发的最后一型量产坦克是"护卫车"(Begleitwagen,BW),即四号坦克(PzKpfw Ⅳ)。四号坦克主要遂行支援任务,配装一门 75mm 口径 KwK 37 L/24 型坦克炮,依靠高爆弹来压制敌方火力目标。早期型四号坦克的装甲非常薄弱,后来像三号坦克一样进行了大幅改进——最早出现的四号坦克 A 型车体正面装甲厚度只有 14.5mm，而出现最晚的四号坦克 J 型车体正面装甲厚度增加到 80mm。四号坦克于 1937 年投产，生产工作一直持续到 1945 年战争结束。

重型坦克的出现

正如前文所提到的那样，德军在战场上遭遇苏军 T-34 中型坦克和 KV-1 重型坦克，可以视为德国坦克设计思路的一个转折点。尽管四号坦克和三号突击炮（Sturmgeschütz Ⅲ，StuG Ⅲ）仍有改进潜力，战斗效率还能进一步提升，但德军高层已经意识到，这些既有的设计成果再怎么改进，作战性能也不可能有质的改变，因此他们决定重新审视所有面向未来的战车开发计划。

早在 1937 年，德国陆军武器局（Heereswaffenamt）就已经要求戴姆勒-奔驰（Daimler-Benz）、亨舍尔（Henschel）和曼恩（MAN）等公司开发 30 吨级新型坦克。如果用 20 世纪 30 年代晚期的标准来衡量，30 吨级坦克已经可以算作重型坦克。由于情报工作受到误导，德军当时认为全世界只有法国的 Char B1-bis 和 Char 2C 两型重型坦克正式列装了部队，而对其他国家的重型坦克项目一无所知。

▼ 1942 年初摄于苏联，一辆搭载众多物品的三号 J 型或 L 型坦克，正从桥梁上驶过

▶ 四号坦克最初配装 1 门短身管 75mm 口径 KwK L/24 型炮，这型炮初速较低，穿甲能力不足，且远距离射击精度不佳。面对 T-34 坦克和 KV-1 坦克的威胁，德国很快开发出长身管 75mm 口径 KwK 40 型炮，配装这型炮的四号坦克一直服役到第二次世界大战结束。图中的四号坦克来自德国国防军第 23 装甲师，注意位于战术编号 814 下部的埃菲尔铁塔图案师徽。尽管德军明令禁止在坦克上搭载大量备用履带，但这辆坦克的车组依然我行我素，因为额外的备用履带能增强防护性

30 吨级坦克

第一辆"突破坦克"1 型（Durchbruchswagen 1，DW1）样车于 1937 年末下线，并接受了全面测试。"突破坦克"2 型（DW2）样车则于不久后下线。1939 年，亨舍尔的 VK 30.01 项目开发完成。当时，德军采用了一种直观的方法来命名战车开发项目：VK 代表全履带车辆（Vollkette），前两位数字代表吨位，后两位数字代表项目编号。VK 30.01 的样车只有车体，没有炮塔，其设计遵循了既有的德国坦克风格——发动机后置，传动机构前置，车首和车尾的装甲板近乎垂直，而车体上层结构的两侧并没有外悬在履带之上。

▶ 1944 年春摄于苏联，党卫军"维京"装甲团第 2 营的一辆"黑豹"A 型坦克正从一座村庄中穿过。"黑豹"坦克对标苏联 T-34 坦克，它在很多方面突破了德国坦克设计的桎梏。它重 46t，采用重型装甲，配装 75mm 口径 KwK 42 L/70 型大威力炮，相比之下，T-34 坦克的重量只有 27t

与此同时,费迪南德·保时捷博士(Dr. Ferdinand Porsche)也接到了开发一型重型坦克的命令。这型坦克将配装105mm口径主炮,而"突破坦克"1型和2型配装的都是与四号坦克和三号突击炮相同的75mm口径L/24型主炮。

德国的设计师和工程师们一直在努力提高坦克的火力水平。希特勒对先进武器始终抱有超乎寻常的热情,他希望坦克主炮能具备更强的穿甲能力。相比之下,希特勒更青睐高穿深的小口径火炮,而非大口径火炮,因为后者的弹药会占用更多车内空间。于是,20世纪40年代初,新型坦克炮的开发提上了日程。当时,德国已经具备了相关的火炮和穿甲弹制造技术。莱茵金属公司(Rheinmetall)开发的75mm口径 PaK 41型锥膛反坦克炮穿深很大,但其配套弹药的制造要消耗大量金属钨。当时德国的稀有金属供应体系已经愈发紧张,钨的供应情况更是捉襟见肘,锥膛炮的制造和列装都受到极大制约。除 PaK 41外,采用锥膛设计的还有28mm口径 sPzB 41型重型反坦克炮(schwere Panzerbüchse 41),但后者的实战运用效果并不理想。最终,由于钨的供应量严重不足,这两型反坦克武器都没能大规模列装部队。

▲ VK 45.01(P)是以费迪南德·保时捷博士为首的设计团队开发的若干重型坦克之一。保时捷偏爱以汽油机为基础的油电混合动力系统。亨舍尔公司的 VK 45.01(H)在设计上相对 VK 45.01(P)保守得多,以传统汽油机驱动。两个设计方案采用了相同的圆筒状炮塔,配装1门88mm口径 KwK 36型炮

▲ 六号坦克/虎式（H）型的样车之一，摄于亨舍尔工厂车间内。该车车首配装一块活动装甲板（量产阶段取消），作战时放倒，以防护车首下部和主动轮。注意该车未安装侧裙板和随车工具

1941年底，保时捷设计的VK 30.01（P）样车已经蓄势待发，它的内部代号是Typ 100。1941年年中，保时捷决定为VK 30.01（P）配装88mm口径KwK L/56型坦克炮——它是威力强大的克虏伯88mm口径高射炮的发展型，配套炮塔也由克虏伯制造。

费迪南德·保时捷是一位出色的设计师，他为新型重型坦克选择了油电混合动力系统——两台风冷汽油机驱动发电机产生电能，进而向电动机供电，由后者驱动坦克行驶。当时，油电混合动力技术已经不是什么新鲜概念，在有轨电车、铁路机车和商用车上都已经大规模应用。不过，坦克的应用环境显然比民用交通工具恶劣得多，因此两者的结合仍然要面临可靠性问题的考验。

1941年末，德国武器局对新型坦克的装甲防护性能又下达了新要求，亨舍尔公司为此推出了全新的设计方案，代号为VK 36.01。它的车体正面装甲厚度为100mm，大于武器局要求的80mm。亨舍尔计划为VK 36.01配装锥膛炮，其行走机构相对VK 30.01（H）有所改进，交错重叠的负重轮直径变得更大，取消了托带轮。

VK 36.01只是一个过渡型号，随后，换装88mm口径KwK L/56型坦克炮的决定又催生了一个新设计方案——VK 45.01（H）。它的炮塔座圈直径更大，车体上层结构也进一步加宽。为承载增加的重量，换用了更宽的履带。尽管代号中以"45"代表吨位，但它的重量实际上达到了55t。

此时，保时捷的设计师和工程师们也在为满足武器局的新要求而绞尽脑汁。1941年5月，他们开始设计内部代号为Typ 101的新型坦克。与几乎另起炉灶的VK 45.01（H）不同，Typ 101是在Typ 100

的基础上发展而来的。它的车首装甲厚度从 Typ 100 的 50mm 增加到 100mm，车体侧后装甲的厚度从 Typ 100 的 40mm 增加到 80mm。此外，单台汽油机的功率提升到 310hp，传动机构移至车尾，钢缘负重轮取代了橡胶缘负重轮，取消托带轮。

孰优孰劣

　　1942 年初，在德国军方还没有最终决定选择哪一型重型坦克时，决策者们就已经着手组建了装备重型坦克的作战单位。有趣的是，预备部署到非洲的第 501 和第 503 重型装甲营都计划列装保时捷生产的六号坦克（PzKpfw VI）——这大概是因为其风冷发动机更适应沙漠环境，而同期组建的第 502 重型装甲营则计划接收亨舍尔生产的六号坦克。

　　然而，现实列装情况与计划大相径庭。德军装甲委员会（Panzerkommission）在 1942 年 6 月 24 日致函军备部长，内容如下：

　　6 月 20 日正式发布的《概览》（Überblick）显示，六号 / 虎式坦克的生产安排如下：

▼ 第 503 重型装甲营的 114 号虎式坦克，车长是阿尔弗雷德·鲁贝尔。1943 年 5 月，该车参加了在哈尔科夫附近举行的军事演习。这次演习旨在为随后开展的"城堡行动"做准备。根据作战经验，车组在车首加挂了备用履带，并采取了一些改进措施，例如在防盾部位的炮瞄镜物镜上部自行加装了遮雨板

	虎式坦克（P）	虎式坦克（H）
6月	/	/
7月	12	15
8月	12	10

保时捷教授没有提及交付时间，亨舍尔方面宣称将在7月10日阿尔古斯公司（Argus）解决制动装置和转向机构问题后再交付。

1942年7月3日，装甲委员会的报告中出现以下内容：

1. 虎式坦克（H）

7月：

▲ 第503重型装甲营的第123号虎式坦克正在补充弹药。背景中的3吨级卡车篷布上涂有代表"弹药运输"用途的字母"M"（Munition）。刚刚结束的一场恶战，在该车指挥塔下部留下了一处面积不小的弹痕

此前承诺本月交付的15辆坦克因变速器、转向机构和制动装置存在问题而不能按时交付。

8月：

至少应交付10辆坦克，7月出现的问题将在本月处理完毕。

2. 虎式坦克（P）

交付时间与数量

7月20日	2辆
7月31日	8辆
8月10日	4辆
8月20日	4辆
8月31日	4辆

亨舍尔和保时捷的虎式坦克在生产之初都暴露出严重问题,这导致其投入战场的时间一再推迟。截至1942年8月,只有9辆亨舍尔设计的虎式坦克完成交付,并统一列装第502重型装甲营。

由于保时捷设计的虎式坦克问题层出不穷,德国军方不得不提前终止了生产合同。1942年8月,位于奥地利圣瓦伦丁(St.Valentine)的尼伯龙根工厂(Nibelungenwerk)停止生产保时捷虎式坦克,但负责车体生产的克虏伯已经按合同约定完成了所有车体的生产任务。

1942年9月,希特勒要求以保时捷虎式坦克的车体和行走机构为基础,开发一型重型突击炮(schweres Sturmgeschütz)。这一计划很快得到落实。1943年初,第一辆重型突击炮装配完毕,合同要求的其余91辆也在同年5月前悉数下线。这型突击炮以保时捷教授的名字命名,即"费迪南德"。1943年末,在战场上幸存的"费迪南德"们返回本土接受大修,并重新命名为象式(Elefant)。

最后一辆保时捷虎式坦克以指挥坦克(Befehlswagen)的形式重生。1944年初,经过一系列改进后,这辆指挥坦克列装了第653重型坦克歼击营(schwere Panzerjägerateilung 653),该营当时装备象式自行反坦克炮,部署在东线战场。

1944年11月4日的一份元首报告中提到了保时捷虎式坦克,这也是它最后一次出现在官方文件中:

元首下令,目前在后备军(Ersatzheer)中的保时捷虎式坦克应集中编成一个连,然后分散到各步兵师中,作"攻城锤"之用……

这份在面临惨败的绝境中写就的文件,充斥着胡言乱语,每一段开头都能看到"元首下令"这几个字。幸存下来的保时捷虎式坦克的动力系统问题不断,已经无法长途奔袭。妄想着将它们先集中到一个连里,再分散到不同的步兵师中,而且还不提供任何技术支持,这充分表明了当时的希特勒及其幕僚团队想法有多么荒诞。

新一代产品:虎王(虎式B型)

在亨舍尔的虎式E型坦克全面投产时(共生产1346辆),德国又启动了下一代产品的开发工作——希特勒指示亨舍尔以虎式坦克的机械架构为基础进行"升级"。

新型坦克采用了倾斜装甲,外表与五号"黑豹"坦克(PzKpfw

▲ 最早的 50 辆"虎王"坦克配装了原本为保时捷 VK 45.02（P）准备的炮塔，这些炮塔完工时，VK 45.02（P）项目已经终止。图中的"虎王"坦克是亨舍尔公司留存在豪斯滕贝克坦克测试场（Panzerversuchsstation Haustenbeck）的测试车，因此未配装随车工具、牵引缆和侧裙板，也未喷涂防磁涂层

V Panther，下文统称"黑豹"）相近。它的车体正面装甲厚度由虎式的 100mm 增加到 150mm，车体侧后装甲厚度则维持 80mm 不变，但倾斜角度更大。

新型坦克计划配装当时威力最强的 88mm 口径 KwK 43 L/71 型坦克炮，该炮是 88mm 口径 FlaK 41 型高射炮的发展型。

德军最终将新型坦克命名为虎式 B 型（Tiger Ausf B，即国内惯称的"虎王"，下文统称"虎王"），它的重量相比虎式增加了 15t，达到 70t，搭载一台与"黑豹"坦克通用的迈巴赫（Maybach）HL 230 P30 型汽油机，同时沿用了源自虎式 E 型的可靠的半自动变速器。"虎王"是名副其实的重型坦克，当时只有苏联的 JS-2 重型坦克（即"斯大林"-2）能与之相提并论——JS-2 配装一门威力强大的 122mm 口径 D25-T 型坦克炮，但重量比"虎王"轻了约 20t。

"虎王"的总产量只有 489 辆。尽管它的吨位（相对当时的作战环境）已经相当不合时宜，但希特勒仍然固执地希望得到更强大的战车——他要求再设计一型重型突击炮。为此，设计师们将"虎王"的车体延长，打造出一个正面装甲厚度达到 250mm 的固定战斗室，"塞"进了一门巨大的 128mm 口径 PaK 80 L/55 型反坦克炮——这就是众所周知的"猎虎"坦克歼击车（Jagdtiger）。

部队编制 2

　　1942年初，早在虎式坦克的样车制成前，德军就已经为即将诞生的重型装甲营（schwerePanzerAbteilung，sPzAbt）规划了组织架构。1942年2月16日，德军按相关战斗序列（Kriegsgliederung）组建了两个重型装甲连，但都是空架子，因为此时还没有适合他们的装备。

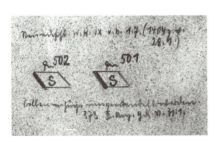

　　在1941年5月—1942年5月间的德军《前线部队战斗序列》（Kriegsgliederung des Feldheeres）中，能找到新组建的第501和第502重型装甲连（schwere Panzer-Kompanie，sPzKp），他们预计在（1942年）7月1日形成战斗力。这两个连的战斗序列变化情况都以手写方式备注在正文旁（见本页两图），此时他们尚未列装任何坦克。

　　第501重型装甲营成立于1942年5月10日，第502和第503重型装甲营也在几天内相继组建。上级要求他们做好投入战斗的准备，但此时依然没有能用的重型坦克。一周后，此前组建的两个独立重型装甲连正式撤编，转隶为第501重型装甲营的下属连队。

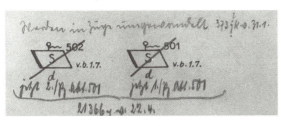

　　下页图中，第501、第502和第503重型装甲营的战斗序列变化情况仍然以手写方式备注在《前线部队战斗序列》中，可见他们均已形成营级建制。第213重型装甲营也在此标出，该营列装了缴获自法军的Char B1-bis坦克，后来部署到英吉利海峡群岛（Channel Islands）。

◀ 第503重型装甲营的一辆指挥型虎式坦克，车长正在面对镜头做手势。第二次世界大战期间，手势、信号弹、指挥棒和旗语这类简单有效的联络/沟通方式仍为官兵们所频繁使用。这位车长身后有一根与Fu 8无线电台配套的星型天线。注意炮塔上喷涂的字母"I"表示该车隶属营部连的通信排

德军此时计划为第 501 和第 503 重型装甲营列装保时捷虎式坦克，并将他们部署到北非战区，因为保时捷的风冷汽油机更适合炎热的沙漠环境。同时，即将部署到东线战场的第 502 重型装甲营则计划列装亨舍尔虎式坦克。

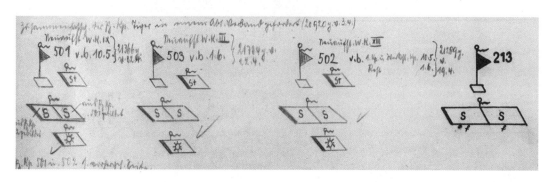

保时捷虎式的命运可谓悲惨，它的发动机和悬架都因故障频发而必须重新设计，最终只得彻底停产。截至 1942 年 10 月，尼伯龙根工厂只下线了 10 辆保时捷虎式，均用于测试和训练第一批虎式坦克车组成员。

亨舍尔虎式最终定型为六号坦克 / 虎式 E 型（PzKpfw VI/Tiger Ausf E），作为所有重型坦克单位的制式装备。然而，虎式的生产进度十分缓慢：截至 1942 年 8 月，部署在列宁格勒（Leningrad）附近的第 502 重型装甲营只接收了 9 辆；截至 1942 年底，部署在北非的第 501 重型装甲营共接收了 21 辆，第 503 重型装甲营共接收了 29 辆。

部队组织架构

第二次世界大战期间，德国的军事单位都是按既定的组织架构组建而成的。战斗力统计表（Kriegsstärkenachweisung，KstN）中规定了一个作战单位应编制的车辆、武器和人员数量，而战时兵力表（Kriegsausrüstungsnachweisung，KAN）则记载了每一个作战单位的基本人员和装备情况。战时兵力表的统计项目太过繁杂，有时能细化到某个作战单位装备了多少台打字机和多少盏喷灯的程度。因此，本书的大部分数据引用自相对简明的战斗力统计表。

德军会对战斗力统计表进行不断修订，随之而来的就是部队实际装备情况的变化。部署在前线的重型装甲营，只在必须进行补充且有足够资源的情况下，才会接收到补充兵和新装备。因此，营指挥部每次提交给上级的战时兵力表不一定能反映部队的真实情况——在某

第 2 章　部队编制

些装备出现冗余时，他们通常不会选择上报，而是将这些装备留在手里。第 505 重型装甲营就曾这样做过，他们在新战斗力统计表发布后，并没有将手里的三号坦克上交。

虎式坦克通常编入营级单位，由集团军群一级司令部直接调遣，而像"大德意志"师（Grossdeutschland）装甲团这样的部队还编有装备虎式坦克的重型装甲连。一般情况下，虎式坦克都以上述两种编制形式投入作战，但也有例外。1942 年末，在多个装甲团的序列下组建了一批重型装甲连（均列装虎式 E 型），他们是党卫军第 1 装甲团（SS-PzRgt.1，1942 年 12 月接收 5 辆，1943 年 1 月接收 4 辆）、党卫军第 2 装甲团（SS-PzRgt.2，1942 年 12 月接收 1 辆，1943 年 1 月接收 9 辆）以及党卫军第 3 装甲团（SS-PzRgt.3，1943 年 1 月接收 9 辆）。而"大德意志"师装甲团的重型装甲连在 1943 年 1 月接收了 7 辆虎式坦克，次月又接收了 2 辆。

组建之初，第 501、第 502 和第 503 重型装甲营列装的坦克不只有虎式一型，还包括一些三号坦克（见 1942 年 8 月 15 日发布的 1150d 和 1176d 战斗力统计表）。营部连有 1 辆三号指挥坦克（PzBefWg/SdKfz 268），它是空地联络官的座车。另外有 5 辆三号坦

▼ 摄于 1943 年夏初，党卫军第 1 "警卫旗队"装甲团下属重型装甲连的坦克兵们正用炮膛清洁杆（Rohrwischer）清洁 88mm 口径 KwK 36 型炮的炮膛。除作为国籍识别标识的条十字（Balkenkreuz）外，这辆虎式坦克的车体上似乎没有其他标识。它的车体采用暗黄色底色，涂有橄榄绿色迷彩条纹，炮塔两侧的烟幕弹发射装置均已移除

d 型重型装甲连

1942 年 8 月 15 日发布的 KStN 1176d 战斗力统计表中的标准编制

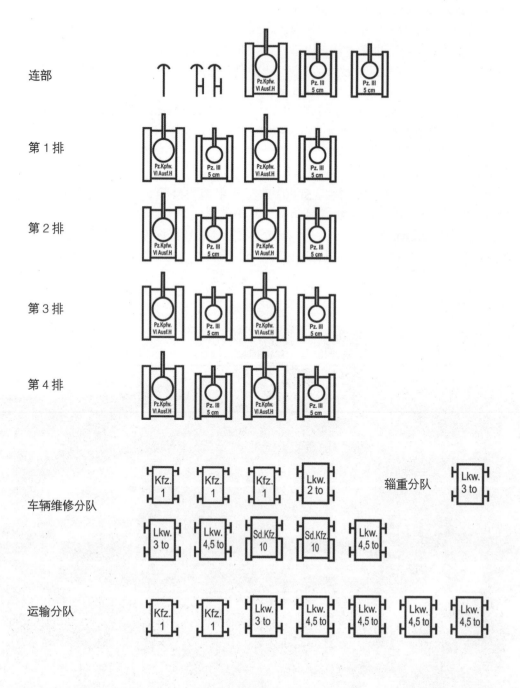

▲ 第505重型装甲营的一辆虎式坦克，车组成员正在往车体上堆稻草，以进行隐蔽。炮塔侧面喷涂有战术编号"324"，驾驶员观察口旁绘有小型战术标识，表明它隶属第3连。505重型装甲营的虎式坦克车体侧面经常会固定原木。注意这辆车的烟幕弹发射装置未拆除

克组成连部下辖的第1轻型装甲排（leichte Panzerzug），主要承担侦察和通信任务。同时，每个战斗连队都列装了10辆三号坦克。德军打算让这些三号坦克在必要时支援虎式坦克作战。在早期组建的重型装甲营中，三号坦克的数量（26辆）比虎式（20辆）还多。

实际上，前线部队能得到什么装备主要取决于上级单位能提供什么——换言之，如果Typ 166水陆两用车供应不足，那么用其他越野车辆取而代之也是情理之中的事。例如，尽管在东线作战的部队本应编制更多的"骡子"（Maultier）半履带运输车（因为半履带车更适合东线的恶劣路况），但现实情况往往是数量不定的"骡子"与3吨级、4.5吨级制式卡车混编——总之一切都取决于上级单位的"库存"。

三号坦克应如何分配给每个排，以及作战时如何部署等问题，均由重型装甲营的营长决定，并根据实际情况做相应调整。

重型装甲营 d 型营部连

1942 年 8 月 15 日发布的 KStN 1176d 战斗力统计表中的标准编制

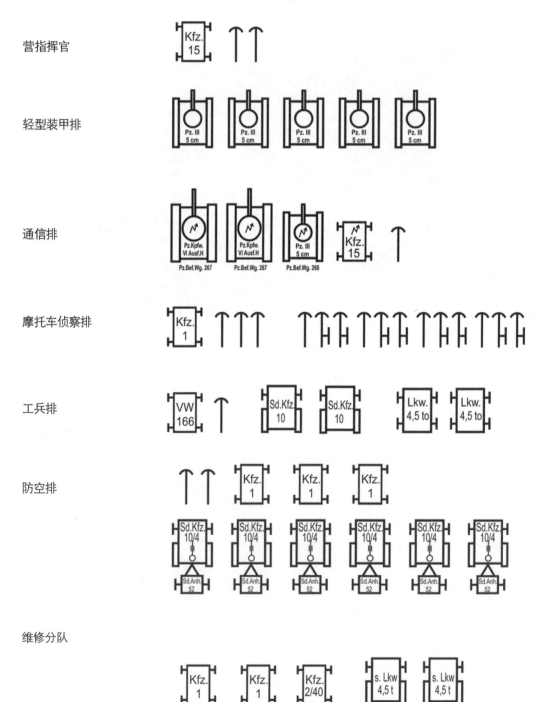

第 2 章　部队编制

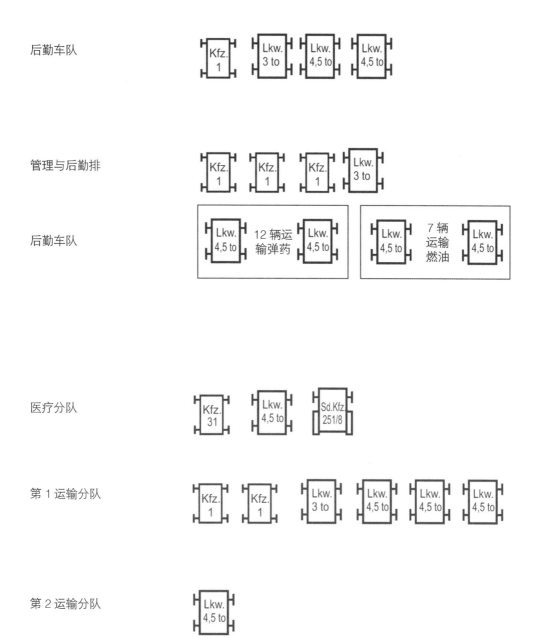

◀ 意大利的一座农舍前，并排停放着德军缴获的一辆M4A1"谢尔曼"坦克、一辆隶属第504重型装甲营的虎式坦克，以及一辆隶属第525重型装甲歼击营的SdKfz 164"大黄蜂"自行反坦克炮。"大黄蜂"配装的88mm口径PaK 43/1 L/71反坦克炮比虎式坦克主炮的威力更胜一筹。德军部队一般会妥善利用缴获的"谢尔曼"坦克，由于其可靠性较高，经常用作坦克回收车。意大利境内多山，崎岖不平的地貌给德军装甲部队带来了不小的麻烦。如果行驶里程过长，虎式坦克的制动装置、转向机构和末级减速器都将面临超负荷运转问题。因此长途奔袭后，虎式坦克的出勤率一般只能达到40%~50%

重型装甲营

1942年式重型装甲营共编制20辆虎式坦克和26辆三号坦克，其组织架构如下：

- 营部（Stab）
- 营部连（Stabskompanie）
- 2个重型装甲连
- 维修连（Werkstattkompanie）

在1943年初发布的战斗力统计表中，重型装甲营的组织架构发生了变化。三号坦克全部撤编，重型装甲连扩编至3个，每个连编制的虎式坦克增加到14辆，全营共编制45辆虎式坦克，其组织架构如下：

- 营部
- 营部连
- 3个重型装甲连
- 维修连

1943年11月，为适应列装"虎王"坦克后的变化，德军发布了经过修订的1150e版和1176e版战斗力统计表。

连长（Kompanieführer）与连部排

连长负责指挥全连作战，连部排编制有越野车和摩托车。

营部连（staff company）与附属单位（Teileinheiten）

营部连下辖一些营级部队所需的附属单位。与突击炮营/旅类似，重型装甲营按规定也应以整单位形式投入战斗，但实战中的虎式

◀ 党卫军第 1 "警卫旗队"装甲团下属重型装甲连的一辆虎式坦克，周围广袤的草原是苏联中部和南部地区的常见地貌。这辆坦克炮塔侧面的战术编号是用漏喷模板喷涂的。烟幕弹发射装置已拆除，但其支架尚在。尽管释放烟幕是一种有效的防御措施，但烟幕弹易被敌火力击发的问题一直困扰着德军坦克车组。牵引缆的一端已连接到前牵引环上，为在战场上拖救做好了准备

坦克通常会以重型坦克连为单位部署到重点地区。如果那里有其他德军部队的话，那么重型坦克连会在他们的支援下作战。

轻型坦克排（leichte Panzerzug）

重装甲单位中的轻型坦克排主要承担侦察任务。

国防军第 501 重型装甲营营长吕德尔少校（Major Lüder），在一份 1943 年 3 月 18 日的题为《虎式坦克在突尼斯的作战经验》（Tiger Erfahrungen in Tunesien）的报告中记述如下：

……轻／重型坦克的损失数量不同，导致部队的组织架构一直在变化。据现有经验无法推测最终结果，但可以肯定的是，虎式坦克部队编制中的三号坦克单位必须保留。通信、侦察、掩护、运输指挥人员和备件、后送伤员等工作只能靠轻型坦克完成。只有一个营直属的轻型连难以满足需求，每名连级指挥官都必须有随时能调用的轻型坦克。

连级指挥官要结合战况和地形，决定三号坦克是逐个伴随虎式坦克行动，还是集中使用。在未经侦察的地区，尤其是山区，可能埋伏着零星的敌步兵，每辆虎式坦克都需要轻型坦克提供掩护。在经过侦察的地区，必须让虎式坦克走在前方，轻型坦克则留在后方等待连长命令。现行的每排 2 辆虎式坦克搭配 2 辆三号坦克的编制形式可以继续保持……

国防军第 502 重型装甲营第 2 连连长朗格上尉（Hauptmann Lange）1943 年 1 月在北方集团军群（Heeresgruppe Nord）麾下作战时，曾写下一段战斗报告：

……虎式和三号坦克不应分开使用，两个轻型排应部署在前方或侧翼执行侦察任务。他们能保护虎式免受敌反坦克小组的袭扰，还可攻击软目标或集群目标……

但是：

……有关后勤服务、新战斗力报告以及战斗装备信息的规定，需要在对之前的战斗报告进行评估后做出调整。

国防军第 503 重型装甲营也曾针对 1943 年 2 月 2—22 日的战斗做出如下报告：

1943 年 2 月 22 日

2 月 21 日，持续至晚间的安娜斯塔西耶夫斯卡（Anastassijevska）进攻战结束后，我营损失 2 辆三号坦克（全损），由于战况激烈，弹药消耗殆尽。我营现接到通知，保护 15 号农场以南地区，以及萨尔玛茨卡亚河床（Ssarmatskaia）上的桥梁。

为完成任务，第 116 装甲团（PzAbt 116）下辖的一个排现临时调配我营指挥，目前总战斗力如下：
2 辆虎式坦克
1 辆四号坦克（配 75mm 口径长身管炮）
3 辆三号坦克（配 50mm 口径长身管炮）
5 辆三号坦克（配 75mm 口径短身管炮）

以上报告说明，为虎式坦克部队编制轻型坦克是很正常的（四号坦克是由其他单位借调的）。战斗中，三号坦克经常先遭到攻击，因为相对虎式而言，它是更好对付的目标。

1943 年 3 月，德军发布了新战斗力统计表，所有新组建的重装甲单位和整备中的既有单位，都需按 1150e 和 1176e 两份战斗力统计表进行整编，撤销轻型排编制。

第 2 章 部队编制

▲ 摄于 1944 年秋的波兰华沙附近，第 507 重型装甲营的一辆后期型虎式坦克。在量产过程中，虎式坦克经过了一系列改进，其中最明显的是换装了外形低矮的铸造车长指挥塔，以及钢缘负重轮。以钢缘负重轮（即内挂胶）取代此前的橡胶缘负重轮（即外挂胶）避免了橡胶轮缘易脱落的问题，在提高可靠性的同时，节省了宝贵的橡胶资源

1943 年 2 月 24 日，在新战斗力统计表正式落实前，德国陆军总参谋部（Generalstab des Heeres）曾发出一份电报：

1）总参谋部颁布命令：
a. 所有新建虎式坦克重型装甲营（含第 506 重型装甲营）均应编制 3 个重型装甲连。
b. 在此下令，第 504、第 501、第 505 重型装甲营应各新建 1 个重型装甲连，第 502 重型装甲营应新建 2 个重型装甲连（优先级高于 a 项）。

2）部队架构：
a. 营部：2 辆虎式坦克
轻型排：6 辆四号坦克
b. 连架构：连部 2 辆虎式坦克
下辖 2 个排，每排 4 辆虎式坦克
撤编护卫坦克，但已列装至重型装甲营的保留，损失后不予补充。

显然，德军高层此时已经计划将护卫坦克（三号坦克）撤编，但保留了轻型排编制，并换装四号坦克。这一决定的动机目前尚不得而知。

▲ 作战间歇期，国防军"大德意志"装甲团下属第9重型装甲连的一辆虎式坦克，车组成员正站在炮塔顶部展开一面大型对空识别旗，以便在空中巡航的德国空军飞机及时准确辨识目标。这辆坦克的车体上，手工喷涂的冬季伪装涂层已严重剥落。"大德意志"装甲团的重型装甲连扩编至3个后，各连编制的虎式坦克的战术编号变更为字母A或B或C搭配两位数字的形式。

"大德意志"师所辖装甲团于1943年4月15日做出如下报告：

虎式坦克重型装甲连中的三号坦克：

实战表明，原本用于护卫虎式坦克的三号坦克，在先遣队中无法承受敌火力打击，因为敌反坦克武器会率先攻击三号坦克。出于保证部队出勤率的考虑，只在重型装甲连中保留虎式坦克效果应该更好。此外，三号坦克和虎式坦克的备件不能通用，增大了维修单位的工作难度和工作量。出于上述原因，确有必要精简虎式坦克作战单位的车型（即只保留虎式坦克）。

将轻型排编入重型装甲营的策略引起了争论。一个作战单位同时列装两型坦克显然会带来诸多挑战，或者说是麻烦。维修单位不得不应对两套不同的机械结构，备件和弹药供应也要兼顾。当虎式坦克的列装量达到预期水平时，新的组织架构应运而生。

以下是一份"大德意志"装甲团的战斗报告节选，日期是1943年4月27日：

现计划将虎式坦克营进行整编，（每营）下辖3个连，每连编制14辆虎式坦克。根据新战斗力统计表，连部应辖以下单位：

a. 6辆四号坦克（配长身管炮）组成的搜索和掩护分队。

b. 1个装甲工兵排。

目前无法确定是否有四号坦克正式列装虎式坦克作战单位，上述报告中的内容可能只是笔误而已。

德军装甲部队总监直到 5 月 14 日才对上述战斗报告作出回应，以下为节选：

……建立混编有三号或四号坦克的虎式坦克单位并无必要。虎式坦克营必须编制有侦察单位，装甲部队总监已要求第 503 重型装甲营实验性地组建一个装备半履带装甲车的侦察排。在该单位完成相关实验后，再做进一步决定……

无论连部的轻型排，还是分散在各连的轻型坦克单位，最终都由重装甲单位中撤编。侦察、掩护等任务由装备 SdKfz 250/1 和 250/5 轻型半履带装甲车的装甲侦察排（Gepanzerter Aufklärungszug）执行。除轻型排外，部分重型装甲营的通信排曾装备 1 辆基于三号坦克改进而成的 SdKfz 268 型空地联络车。在虎式坦克的相应变形车问世后，SdKfz 268 也被撤编。

帕德博恩装甲兵学校（Paderborn）在 1943 年 5 月 28 日发布了一份报告，再次提及在虎式坦克作战单位中编制四号坦克的问题：

部队释放烟幕的时机已经愈发稀少。从重型装甲营未来的组织架构看，只有其侦察单位（编制四号坦克）有能力发射烟幕弹。因此，为 88mm 口径炮开发烟幕弹已经迫在眉睫。虎式的烟幕发射装置只能在撤出雷区，或在敌军监视下执行回收任务时提供近视距掩护……

轻型排撤编后，配套的后勤、维护等单位都编入了按新战斗力统计表整备的部队中。

通信排（Nachrichtenzug）

通信排最初编制 2 辆虎式指挥坦克和 1 辆三号指挥坦克。其中，虎式指挥坦克装有 Fu 5 和 Fu 8 型（Fu，Funksprechgerät，无线电通信设备）大功率无线电台，作为营内无线电信号的中继平台。而装有 Fu 5 和 Fu 7 型无线电台的三号指挥坦克，则扮演"空地联络官"（Fliegerverbindungsoffizier）的角色。在三号坦克撤编后，三号指挥坦克被虎式指挥坦克的空地联络型取代。

摩托车侦察排（Krad-Erkunderzug）

执行侦察和搜索任务的小型作战单位。在 1943 年发布新战斗力

▼▼ 1944 年 5 月，第 503 重型装甲营调往法国，以充实当地防御力量。该营此时有 2 个连装备虎式坦克，1 个连装备"虎王"坦克。后来，该营连同其他一些德军部队在"法莱斯口袋"战役中被盟军歼灭，幸存人员撤回德国，重组后该营全额编制了"虎王"坦克。图中的后期型虎式坦克配装钢缘负重轮，车体涂有防磁涂层（类似混凝土的膏体，可防止磁性手雷吸附在车体上）

统计表后,摩托车侦察排撤编,相应职责由装甲侦察排和工兵搜索排(Erkundungs-und Pionierzug)分别承担。

工兵排(Pionierzug)

工兵排在重型装甲营中的地位非常重要,但他们最初只装备无装甲车辆。1943年新战斗力统计表发布后,工兵排的职责范围有所扩展,因此重命名为工兵搜索排(Erkundungs und Pionierzug)。工兵搜索排主要装备适合东线战场恶劣路况的2吨级"骡子"运输车,后期引入了由SdKfz 251/7装甲工兵运输车衍生而来的特殊型运输车。

党卫军装甲军总指挥部曾将"警卫旗队"(Leibstandarte Adolf Hitler)、"帝国"(Das Reich)和"骷髅"(Totenkopf)三个装甲掷弹兵师(SS-PzGrenDiv)的作战报告汇总发布,与重型装甲连工兵排有关的内容如下:

虎式坦克单位所辖工兵排的职责可分为以下三类:
1)搜索。
2)清除各类障碍物或路障,对桥梁和道路进行修补和加固。
3)协助回收故障坦克。
……(工兵排任务)的重中之重是保障重型卡车将加固桥梁所需的建筑材料尽快运抵需求地。

▼ 第505重型装甲营的一辆虎式坦克(注意固定在车体侧面的原木),正停在一处临时码头旁等待渡河。通过水路运输虎式坦克对工兵和后勤单位而言无疑是一项艰巨的任务。图中的虎式坦克车体采用暗黄色底色,涂有明显的伪装色,烟幕弹发射装置已拆除,但其支架尚在

▲ 摄于1944年初的东线,工兵们利用工兵浮桥组装了一艘渡船,运送隶属第506重型装甲营的一辆虎式坦克渡过德涅斯特河(Dniester)。注意这辆坦克指挥塔上架起的MG 34机枪,它此时的作用是防空,用于驱离来袭敌机。对攻击机而言,一艘载着重型坦克在水面上蠕行的渡船无疑是"活靶子"

党卫军装甲军指挥部对工兵排现有车辆装备状况并不满意,他们要求为工兵排编制更多车辆:

(工兵排应编制)……4辆装甲工兵运输车(SdKfz 251/7),4辆保时捷(大众)水陆两用车,3辆欧宝"骡子"运输车……

防空排(Fliegerabwehrzug)

防空排最初编制6辆配装1门20mm口径FlaK 38型炮的SdKfz 10/4型轻型半履带式自行高炮。

在1943年的战斗力统计表中,防空排的变化较大。原有的6辆SdKfz 10/4被3辆SdKfz 7/1取代。SdKfz 7/1是在8吨级半履带车基础上,配装四联装20mm口径Flakvierling 38型炮改进而成的一型自行高炮,火力相对SdKfz 10/4大幅提升。

显然,并不是每一个虎式坦克作战单位都编制了SdKfz 7/1。例如,第503重型装甲营在1943年10月10日的一份战斗总结写道:

……本单位的防空排仍按旧版战斗力统计表装备6门FlaK 38,它们表现出色(已有7个确认击落记录)。防空排的重要作用之一在于能分散开来,为部署在不同地方的其他作战单位提供保护。从这个角度看,6门单管高炮要比4门四联装高炮更有效。

到1943年末,德军装甲部队既有自行高炮的机动性和防护性已经难以满足作战需求,于是,多型以四号坦克底盘为基础打造的防空坦克(又称装甲自行高炮)应运而生。第一型于1944年6月问世,德军称它为"家具车"（Möbelwagen），其车体上部平台装有1门37mm口径FlaK 43型高炮，平台四周有能放倒的装甲围挡。按1176版战斗力统计表要求，1个装甲防空排（Panzerfliegerabwehrzug）编制有8辆"家具车"。然而，"家具车"在战斗中往往难以为炮组成员提供有效保护（因为战斗中要放倒装甲围挡）。为此，德国人又推出了名为"旋风"（Wirbelwind）的新一代防空坦克。"旋风"装有一座九边形敞开式炮塔，配装1门四联装20mm口径Flakvierling 38型高炮。装甲防空排的编制也随之改变，每个排编制有"旋风"和"家具车"各4辆。

截至1944年秋，由于防空坦克数量不足，只有国防军第503、第506、第509重型装甲营，以及武装党卫军第501、第503重型装甲营编制有装甲防空排。

以下内容节选自1945年1月发表在《装甲部队通报》（Nachrictenblatt der Panzertruppen）上的一篇论文，内容值得注意：

……来自敌军飞机的攻击

1）装甲部队和空军是现代战争的中流砥柱，两者都具有很强的机动性，非常适合协同作战。换言之，敌国空军也能在战术和武器运用得当的条件下，对德军装甲部队形成严重威胁……

2）利用飞机投放高爆弹来攻击前进或集结中的装甲部队是一种行之有效的手段，但这种"地毯式轰炸"的经济性较差。

3）如果想有效击溃战场上的装甲部队，就要对敌坦克实施逐个攻击。轰炸机无法承担这样的任务，攻击机的武器虽然能有效摧毁轻型坦克，但只能对重型坦克造成程度有限的损坏，难以彻底将其击毁。战斗轰炸机也难以奏效，因为其所投炸弹必须直接击中坦克或落在坦克附近，才能击毁坦克，但炸弹的投放精度通常较低。

4）为有效对付敌重型坦克，有必要研制一些专用"反坦克攻击机"。搭载重型火炮的单发飞机具备击毁重型坦克的能力，敌人称其为"坦克终结者"（tank-buster）。这种飞机在开展低空攻击前通常会用机枪进行校射，待机枪能击中目标后再开炮。

5）装备火箭弹的攻击机更适合执行反坦克任务，与它们相比，反坦克攻击机已显落伍……

……火箭弹的初速更高，穿深更大。由于弹道平直，火箭弹的精度也更高……装备火箭弹的攻击机会从低空发动进攻，在600~1000m的距离上向目标发射火箭弹。目前，欧洲战场上只有英军的攻击机（通常是"台风"）装备火箭弹。

◀ 第503重型装甲营的一辆虎式坦克正试图翻越陡峭的河堤,回到道路上。战斗正酣时,这类行为可能面临极大风险——坦克翻越陡坡时会将脆弱的车体底部暴露在敌人的反坦克火力之下。值得注意的是,这辆坦克的炮塔储物箱并非制式型号,而是部队自制的

▼▼ 德军步兵正在围观一辆不明单位的虎式坦克,可见车组成员在首上装甲部位固定了一些备用履带

6)利用飞机遂行反坦克任务的优势是机动性强且不受地形限制,但也存在一些不利因素:

a. 攻击机的飞行速度低于战斗机。

b. 受天气和能见度影响严重。

c. 易被地面火力击伤/毁(例如轻型高炮、机枪和步枪)。

7)针对攻击机的防御措施:

妥善伪装,将车辆完全遮蔽。

利用各类武器,集中火力射击。

1944年夏,苏军击溃德军中央集团军群。是役,德军发现苏联空军应用了一种新的空对地战术,具体内容摘自《装甲部队通报》(Nachrichtenblatt der Panzertruppe):

苏联空军引入了一种新战术——追击战术

追击战术的目的在于毁伤如下目标:

a. 溃退的敌军部队。

b. 重型武器和弹药堆放场地。

c. 敌铁路系统。

d. 后勤线路、桥梁,以及击溃敌空军组织的反击行动。

作者(指《装甲部队通报》)还特别强调了以下两点作战原则:

……在任何天气状况下都应坚决出击,装备伊尔-2攻击机的单位更应照此执行。

空袭必须连续进行,不得中断,不给敌人喘息之机。

苏军非常依赖火力支援——只要条件允许，他们随时会用炮兵开展密集炮击。给德军人员和装备造成重大杀伤的并不是苏军的装甲部队，而是他们的炮兵。这可能是德军在形势最为不利的情况下仍要坚决发动进攻的原因之一。

维修与回收分队（Instandsetzungstaffel und Bergegruppe）

1942年8月的第1版战斗力统计表中列出了一支规模相对较小的维修分队，其任务是协助坦克车组开展日常维护工作。如果坦克出现较严重的故障，就要由营级单位中的战车维修连（Panzer-Werkstattkompanie）来处理。1943年时，维修分队的构成出现了变化，战车维修连的车辆编制规模增加了一倍，由于运输能力增强，又额外配发了2台起重机。此外，还建立了一支回收分队，并计划用2台35吨级牵引车（Bergeschlepper 35t）取代原有的4辆SdKfz 9型18吨级牵引车，但未能实施（译者注：最终换装的是"黑豹"坦克回收车）。

医疗分队（Sanitätstrupp）

医疗分队编制有1辆越野救护车、1辆卡车和1辆SdKfz 251/8半履带装甲救护车，其组织架构在整个战争期间都未变化。

运输与辎重分队（Nachschubstaffel und Gefechtstross）

运输与辎重分队编制的都是卡车，作用关键。战争期间，运输弹药的卡车从12辆增加到16辆，运输燃油的卡车从7辆增加到8辆，整体组织架构变动不大。

装甲连（Panzerkompanie）

最初，按1942年8月15发布的1150d和1176d战斗力统计表，重型装甲营编制有2个装甲连，共装备20辆虎式坦克。1943年3月发布的1150e和1176e战斗力统计表规定，每个重型装甲营编制3个装甲连，每个装甲连所辖排由4个减为3个，全连共装备14辆虎式坦克。每个重型装甲营纸面上共有45辆虎式坦克，规模相比之前明显增大。1943年，虎式坦克的产能显著提高，这使重型装甲营得以扩充编制。

虎式坦克产量

年份	产量/辆
1942	69
1943	550
1944	794

e 型重型装甲连

1943 年 11 月 1 日发布的 KStN 1176e 战斗力统计表中的标准编制

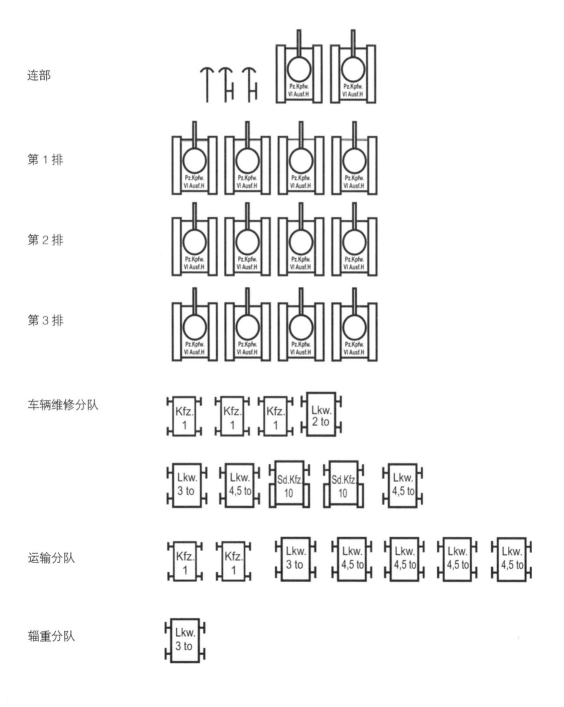

重型装甲营 e 型营部连

1943 年 11 月 1 日发布的 KStN 1176e 战斗力统计表中的标准编制

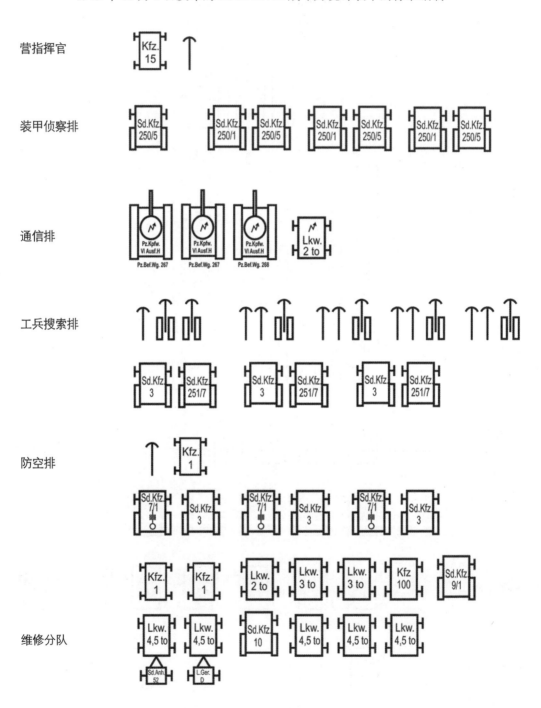

第 2 章　部队编制

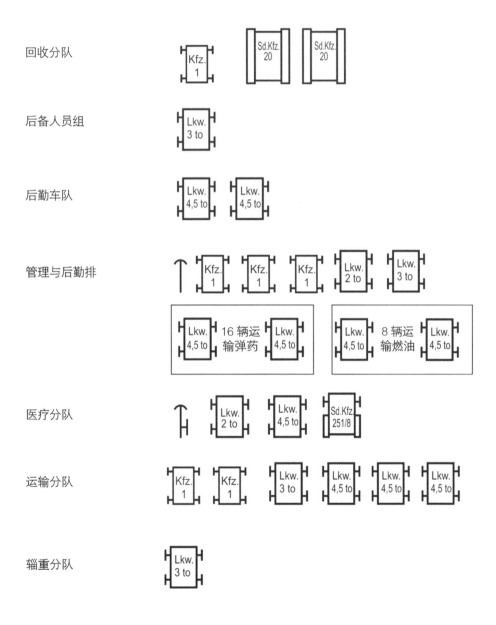

1943年11月,德军又发布了经过修订的1150e(营部连)和1176e(装甲连)战斗力统计表。这次修订是为列装"虎王"坦克做准备。此时,重型装甲连可在虎式坦克与"虎王"坦克间任选其一。

"自由机构"(freie Gliederung)编制

1944年6月1日,德军发布了1107fG战斗力统计表,营部连的组织架构发生了很大变化,在规模上进行了相当程度的缩减。侦察排和工兵排原有的3辆"骡子"半履带运输车被5辆普通3吨级卡车取代。维修分队、回收分队和医疗分队等支援/后勤分队全部撤编。营部连员额由290人降至171人。

"自由机构"编制的重型装甲连员额也有所下降。坦克数量不变,但所有维修和运输单位都遭撤编,每个连的员额由3名军官、55名士官和97名士兵,削减到4名军官、45名士官和38名士兵。

按新发布的1151b(fG)战斗力统计表,撤编的各类支援/后勤单位所负职责,将统一由一个新组建的后勤连(Versorgungskompanie)承担。其中包括医疗分队(未编制SdKfz 251/8救护车)和维修分队(半履带车辆编制规模减小)。更为重要的是,回收分队的实力得到极大增强,编制有SdKfz 9和"黑豹"坦克回收车各5辆。

1945年2月的《装甲部队公报》(Bulletin of the Armoured Forces)写道:

所有装甲师、装甲掷弹兵师以及陆军独立营级单位,都要按1944年11月1日发布的"自由机构"战斗力统计表,结合自身作战经验和总体人员装备情况进行整编……

引入"自由机构"战斗力统计表的目的在于节省营部和战斗连队所需人力,精简后的部队会更加机动灵活。不过值得注意的是,这项精简部队规模的工作是在德军整体后勤供给形势已经严重恶化的情况下展开的。

战车回收连(Panzer-Bergekompanien)

Sdkfz 9型18吨级牵引车的产量不足,却又是德军仅有的一型能协助坦克脱困,或将战损坦克拖离战场的装备。对德军装甲部队而言,这型牵引车十分重要,装备需求在虎式坦克服役后愈发迫切。"黑豹"坦克和虎式坦克都很沉重,要将3~5辆18吨级牵引车串联在一起才能开展回收作业(1辆18吨级牵引车的牵引功率虽然足够,但其车身太轻,无法提供足够的抓地力)。德军原计划为每个营部连

▲ 摄于1943年7月的"城堡行动"期间，画面最左侧是党卫军第2装甲团下属重型装甲连的S01号指挥型虎式坦克，旁边是同一单位的三号坦克和SdKfz 263型八轮重型装甲无线电通信车。这辆虎式坦克的车体采用暗黄色底色，涂有较宽的橄榄绿色条纹，而三号坦克和SdKfz 263均采用深灰色涂装

的回收分队都编制2辆SdKfz 20型35吨级牵引车，但碍于生产工作受阻，只能以4辆SdKfz 9替代。

在东线的恶战中，由于装甲部队回收能力不足，很多只有轻微损坏的德军战车都被遗弃。陆军最高统帅部（Oberkommando des Heeres，OKH）在1943年12月29日对此问题记录如下：

在东线，大量坦克因回收车辆不足而遭遗弃。为此，我们请求军备部在1944年第一季度将牵引车的产能提高到如下水平：

18吨级牵引车：150辆。

12吨级牵引车：150辆。

国防军重型牵引车（sWehrmachtschlepper，sWS）：170辆……

有鉴于此，德军在集团军和集团军群一级的部队中都组建了专业战车回收连。按1943年11月1日发布的1189战斗力统计表，战车回收连计划编制3个排，其中两个排编制9辆SdKfz 9和3辆SdAnh 116型22吨级平板拖车，主要回收四号坦克等装甲车辆；另一个排编制9辆SdKfz 20型35吨级牵引车和2辆SdAnh 121型65吨级重型平板拖车。由于SdKfz 20实际上从未量产，战斗力统计表的编制者们又在正文旁写下了一些耐人寻味的备注：

……应由35吨级牵引车（SdKfz 20）、T-34或KV-1来执行回收任务。如果用18吨级重型牵引车（SdKfz 9）来回收，则1辆35吨级牵引车的缺额将由2辆18吨级牵引车填补……

连缴获自苏军的T-34和KV-1坦克都堂而皇之地出现在正式发布的战斗力统计表中，成为战车回收连的主力装备，可见德国的军工产能当时已经羸弱到何等程度。

战斗群（Kampfgruppen）

战斗群是一种临时编队，一般为满足特定需求或执行特定战斗任务而组建。包括装甲兵、步兵和炮兵在内的兵种都可以吸纳到战斗群中。早在1940年横扫西欧的"闪电战"中，战斗群就有了成功运用。

在东线的消耗战中，许多战斗群都是在万不得已的情况下组建的。很多损失惨重的单位战斗力已经趋近于零，因此必须将不同的师级或营级单位集中到一起。

以编制有虎式坦克的桑德尔战斗群（Kampfgruppe Sander）为例。斯大林格勒战役期间，在德军第6集团军（6th Army）投降前夕，第503重型装甲营第2连火线接收了2辆虎式坦克和13辆三号坦克（来自在战斗中损失殆尽的第23装甲师第201装甲营），随后组成了桑德尔战斗群。

1944年8月1日的一份档案中记载了战斗群开展夜袭行动的内容：

……由坦克与其他单位混编而成的战斗群具有很大的夜战潜力。敌人很难在夜晚对反坦克炮和其他压制火炮实施有效引导。混成战斗群有很大取胜概率，以下编制方式已经过实战考验：

10~14辆坦克，1个装甲连规模。
20~30辆装甲运输车，1个装甲掷弹兵连+1个装甲工兵排规模。

注意：上述"装甲运输车"指SdKfz 250型和SdKfz 251型半履带式运输车。

▶ 配装法伊费尔（Feifel）附加空气滤清器的虎式坦克。1942年部署到突尼斯的虎式坦克率先配装该装置，1943年后所有虎式坦克均不再配装

▲ 摄于"城堡行动"期间,党卫军第2装甲团下属重型装甲连的一辆虎式坦克,车长正与两名步兵交谈。该连著名的"魔鬼"标识以漏喷方式喷涂在炮塔侧面,烟幕弹发射装置已拆除,其支架尚在

1944年1月13日,第13装甲师(13.PzDiv)的战斗报告中记载了一个混成战斗群的组织架构:

……目前,在装备短缺的困难形势下,第13装甲师组建了战斗群,在战斗群的组织和指挥方面积累了一些经验……

混成战斗群最近在作战中采取如下编制:
1个装甲掷弹兵营和装甲侦察营部分单位
15~25辆各型装甲运输车
1个装甲连,条件允许时最好投入1个装甲营
10~15辆三号坦克和四号坦克(平均投入数量)
1个突击炮连(有时参加作战)
4~6辆突击炮
1个反坦克炮连(75mm口径或88mm口径自行火炮)
4~10辆自行反坦克炮
1个20mm口径高炮连(自行化)
3~5辆自行高炮
1个炮兵营(105mm口径或150mm口径自行火炮)
10辆自行火炮(最多时)……

机动性 3

德军凭借一些性能平庸的武器横扫了大半个欧洲，依靠空地一体的"闪电战"（Blitzkrieg）战术击败了法国——协同化作战方式使他们在战争初期无往不利。德军炮兵在空军 Ju-87 "斯图卡"（Stuka）俯冲轰炸机的协助下，为推进中的装甲部队开辟通路。1940 年时，盟军的坦克装备量高于德军（尤其是重型坦克），但英军和法军高层却不愿改变陈旧的战术思想。法国的夏尔·戴高乐上校（Charles De-Gaulle）是个例外，他是一名意志坚定、年富力强的军官，也是新兴装甲战术的倡导者。1940 年 5 月 17 日，戴高乐指挥法国第 4 装甲师（4e Division Cuirassée）在蒙科尔内（Montcornet）发动反击，成功将德军装甲部队逼退到科蒙（Caumont）。

坦克车组成员的训练水平和战术素养是决定作战成败的关键，直到今天依然如是。

机动性

究竟应该为坦克选择什么样的发动机和变速器，这需要结合坦克的战术用途和战斗全重来综合考量。坦克是一种结构复杂的机动车，影响其机动性的不只是"发动机功率"这一项指标。

德国在 1940—1942 年间制造的中型坦克，推重比普遍在 11~13hp/t 的水平，三号坦克和四号坦克的履带宽度为 400mm，对地压强为 0.93~1kg/cm²——作为对比，一名全副武装的步兵重约 100kg，他双脚站立时的对地压强约为 1.4 kg/cm²。

同时期的苏联 T-34 坦克由于配装了宽幅履带，对地压强只有约 0.64kg/cm²。即使是重得多的 KV-1 坦克，对地压强也只有约 0.7kg/cm²。

◀ 第 503 重型装甲营在法莱斯遭全歼，重组后满编了"虎王"坦克。1944 年 10 月，新生的第 503 重型装甲营调往匈牙利布达佩斯，与其他德军部队一道稳定当地局势。出现在街道上的"虎王"坦克，极大鼓舞了挑起叛乱的匈牙利"箭十字"党（极右翼组织）的士气，试图与苏联议和的现政府最终被其推翻。图中的虎式坦克炮塔上的战术编号为"200"，表明它是第 2 连的连长座车

第 3 章 机动性　49

◀ 交错式负重轮能最大程度上分散虎式坦克的重量，降低其对地压强，并在行驶和射击时保持平稳。不过，内层负重轮出现故障后更换工作非常耗时。冬季，冻土极易卡滞在悬架组件上，导致坦克无法行动

　　虎式坦克项目的时间原点可以追溯到 20 世纪 30 年代末，德军的两型主力坦克——三号和四号坦克均已定型投入量产。在充分掌握法军重型坦克的情况后，德军要求相关单位开发一型能与之抗衡的产品。然而，对当时的德国情报机构而言，苏联似乎还是一个"陌生的面孔"，他们甚至对 T-34 和 KV 系列坦克的存在一无所知，实际上，这两型坦克早在 1939 年就已经进入量产准备阶段。

总体配置

　　亨舍尔的 VK 36.01 样车遵循了德国坦克的传统布局，就 1941 年的标准而言，它的装甲已经非常厚重了（注意德国当时对苏联的新型坦克尚一无所知）。VK 36.01 搭载一台动力强劲的迈巴赫十二缸汽油机，具有不错的推重比。

　　VK 36.01 原计划配装 1 门锥膛炮，其穿深能满足德军提出的新要求（1000m 距离上击穿 100mm 均质钢装甲）。然而，制造锥膛炮的炮弹要消耗大量金属钨，而德国的钨矿石供应量并不充足，因此最终可选的主炮就只剩下莱茵金属公司的 88mm 口径 KwK 36 L/56 一型。可要换装这型主炮就必须重新设计炮塔。负责炮塔设计工作的克虏伯工程师们发现，新炮塔需要直径更大的炮塔座圈，这样一来，VK 36.01 的车体宽度就会明显不足，因此要重新设计车体。新车体的正面和侧后装甲防护水平都有所提升，这导致车重大幅增加，还必须重新设计行走机构，并采用更宽的履带。最终催生的 VK 45.01（H）实际战斗全重达到了前所未有的 55t。

◀ 在卡塞尔的亨舍尔工厂里，技师们正准备将一台迈巴赫 HL230 P45 汽油机吊装到虎式坦克的车体中。注意这辆坦克的诱导轮尚未安装，负重轮也尚未全部就位

▲ 摄于帕德博恩测试场，一辆虎式坦克正驶上一个陡峭的斜坡，这会给动力系统和传动机构带来沉重负担。技术人员随后会对动力系统进行全面检查，并撰写报告。这是一辆后期型虎式坦克，配装更节省橡胶的钢缘负重轮

发动机

经历了总体设计上大刀阔斧式的改进，势必要匹配一台更为强劲的发动机。设计师们选择了迈巴赫 HL 210 P45 型十二缸汽油机（HL，Hochleistung，高性能版），其最大输出功率可达 641hp。不幸的是，第一辆配装这型发动机的样车就在测试中暴露出冷却液温度过高的问题，这可能导致活塞等机件过度磨损或烧熔，甚至引发自燃事故。

量产后的虎式坦克毫无疑问地饱受着发动机冷却系统故障的困扰——一边是工程师们不得不在生产阶段设法解决设计或工艺缺陷，另一边是前线维修单位不得不绞尽脑汁保障正常战斗出勤率。在战场上，一旦冷却液管路爆裂，"不可一世"的虎式坦克就哪儿也别想去了。

第 501 重型装甲营在 1943 年 5 月的报告中写道：

……除过热外，HL 210 发动机近期没有出现其他故障。几乎所有故障都是乘员训练不足导致的，还有几次发动机故障要归咎于节温器失效。有 5 台发动机已经运转了超过 3000km，没有出现严重故障。

第 3 章　机动性

◀ 一辆虎式坦克正推倒一颗大树。对重型坦克而言，树木根本就不是障碍。只要压倒的树木没有在底部堆叠导致悬空，坦克就能继续前行

一名优秀的驾驶员对保障虎式坦克顺利作战十分重要，他必须训练有素，并总能在复杂环境中镇定自若……

德军前线部队似乎也逐渐学会了如何处理虎式坦克的机械故障。"大德意志"装甲团第 13 连在 1943 年 3 月 27 日的战斗报告中记录了如下内容：

……发动机

关闭战斗室取暖装置后，虎式坦克发动机运转时的平均冷却液温度只有 60℃。这对迈巴赫发动机而言已经接近"冷却液温度过低"的标准，此后再没发生自燃事故。拆除战斗室取暖装置后，排气歧管能得到更充分的冷却。尽管如此，发动机排气系统仍需调节，并且要精心保养。如果发动机运转时间过长，排气管就会窜出高达 50cm 的火焰，在夜晚格外醒目……

HL 210 的供油管路品质不佳，容易出现变形或接头松脱现象。油管有时会破裂，导致燃油慢慢渗出，这是发动机自燃事故的一大诱因。服役之初，虎式坦克的动力室自动灭火装置经常失效，进而导致严重烧损。针对供油管路问题，前线维修单位只能硬着头皮处理，直到制造商彻底解决生产缺陷。

在完成前期 250 辆虎式坦克的生产工作后，德军决定为之后的批次换装一型更为强劲的发动机——迈巴赫 HL 230 P45，其最大输出功率可达 690hp。德国陆军最高统帅部在 1943 年 5 月 25 日的报告

中记录道：

　　从底盘号 250251 的虎式坦克开始，新生产的虎式坦克都将配装 HL 230 型发动机。鉴于这型发动机在装车前未经全面测试，在生产期间将对其结构进行一些必要修改……

传动机构

　　将变速器和转向机构都布置在车体后部会带来一些显而易见的好处：

　　·空间利用更充分，可减小车体体积，降低重量。

　　·可为变速器和转向机构提供更充分的保护，避免其在车体正面中弹时损坏。

　　实际上，德国人的确研制过一些传动机构后置且动力系统紧凑（compact drive train）的坦克，例如 20 世纪 30 年代早期的"大型拖拉机"（Grosstraktor）和"新结构战车"（Neubaufahrzeuge，NbfZ）。他们到第二次世界大战期间不再沿用这种布局，可能源于如下难以解决的技术缺陷：

　　·操纵连杆可能长达 3~4m，结构过于复杂，几乎无法在战场上调整。

　　·传动机构前置时（即布置在驾驶员附近），即使在作战中，驾驶员也能在装甲保护之下对其进行正常维修，但后置时就难以实现。

▶ 第 506 重型装甲营下属的一个排正通过下沉路段，打头的虎式坦克属于中期型，配装外形低矮的铸造指挥塔。该营各连所辖坦克都采用 1~14 的连续战术编号，以喷涂在炮塔上的字样和营徽的颜色来区分不同的连：营部连为绿色、第 1 连为白色、第 2 连为红色、第 3 连为黄色

第 3 章 机动性　53

▲ 一辆在开阔地行进的虎式坦克，一辆 SdKfz 251 半履带装甲车为它提供掩护。由于坦克易受反坦克枪炮威胁，装甲掷弹兵能在其推进、侦察和进攻敌步兵阵地时发挥关键作用，而保证装甲运输车的装备规模能降低装甲掷弹兵的伤亡率

考虑到上述问题，德国坦克最终都采用了发动机在后、传动机构在前的动力 – 传动系统布置方式。不过 1944 年时，德军曾试验性地为四号坦克换装过后置液力传动机构。

亨舍尔为 VK 45.01（H）匹配了当时最先进的变速器——迈巴赫 Olvar 半自动变速器（译者注：由于实际原理与今天的半自动变速器不同，称为预选式变速器更合适）。与同期其他德国坦克变速器不同的是，Olvar 变速器需要驾驶员在控制离合器分离前预先选定档位，实际换档动作由液压机构自动完成。无论在性能，还是操作便利性上，Olvar 变速器都要明显优于同期其他德国坦克变速器，因此量产虎式坦克上保留了这一配置。

Olvar 变速器使驾驶虎式坦克几乎成了一件"惬意"的事——驾驶员只需在发动机转速合适时踩下离合器踏板，变速器就能自动变换至预选档位。凭借便捷的换档方式，虎式坦克的加速性能甚至强过重量更轻的"黑豹"坦克（但在崎岖道路上行驶时的平均速度低于"黑豹"坦克）。此外，虎式坦克的驾驶员普遍对 Olvar 变速器的可靠性赞誉有加，这显然比操作便利性和换档时间都重要。

▶ 一辆虎式坦克掉进了泥坑里。如果能提前探查战场地形，并在战斗中谨慎观察，这类情况是完全能避免的。尽管德军明令禁止用坦克拖救坦克，但该部队还是冒险采用了这种方式

如今，人们普遍认为"黑豹"是第二次世界大战期间性能最优异的坦克，但它的手动变速器操作复杂，对驾驶员的技术熟练度要求较高。据很多老兵回忆，在路况复杂的陌生地区驾驶"黑豹"坦克简直是一种折磨，一些年轻驾驶员为此焦虑不堪，甚至对驾驶"黑豹"坦克参加战斗产生了畏惧心理。更糟糕的是，德军前线部队所面临的诸多问题之一就是缺乏训练有素的坦克驾驶员——燃油和训练车的匮乏导致坦克学校难以对学员进行全面训练。

一直以来，交战双方都认为虎式坦克是难以驾驭的"笨家伙"，但基于上述分析，这一观点多少有些站不住脚。"大德意志"装甲团第13连在1943年3月27日的战斗报告中有如下记录：

行驶特性：

有一次，2辆虎式坦克奉命追击2km外的3辆T-34坦克，尽管地表的冰层很结实，雪层也不厚，但虎式坦克还是没能追上它们。虎式的机动性当然不比T-34差，凭借良好的机动性，它很适合在进攻中担当先锋。相对重量而言，虎式的加速性能已经足够惊人，这在引领先头部队进攻时非常重要。即使是高达1.3m的松软雪堆，虎式也能轻松翻越。

第 501 重型装甲营在 1943 年 5 月 3 日的战斗报告中写道：

……在近期的作战行动中，最值得关注的是虎式坦克在奔袭 400km 后仍能参加战斗……这证明虎式坦克能轻松赶上更轻的坦克，这是大家之前都没想到的……

早在 1943 年 1 月 26 日，第 502 重型装甲营就向北方集团军群总司令部提交了一份报告，对虎式坦克刚投入作战时所暴露出的技术问题进行了总结，并提出了一些弥补措施，其中与行驶性能有关的内容如下：

关于虎式坦克的使用经验交流
1. ……战斗室取暖装置工作不正常，具体表现为：
a）……进入战斗室的热空气中含有过量一氧化碳。
b）……制热量较低。
弥补措施：
a）改进取暖装置，加装更多密封圈，防止一氧化碳进入战斗室。
b）取暖装置外罩换用质量更好的密封圈。冷却液温度要保持在 80~90℃间。冷却液管直径也要增大……
2. 拆卸变速器会导致侧传动轴受损。
弥补措施：
拆卸变速器时，必须先拆卸侧传动轴，并将其移至两侧合适位置……
3. 车体前后均没有可供千斤顶支撑的支座。
弥补措施：
在车体上加装千斤顶支座。
……
5.（自车首起）第一对负重轮的扭杆受压时易弯曲，造成外层负重轮与内层负重轮干涉，进而导致内层负重轮磨损。
弥补措施：
更换扭杆材质。在崎岖道路（例如原木或碎石铺成的道路）行驶时，扭杆会承受很大负荷，这时应拆除（自车首起）第一对外层负重轮。
6. 负重轮橡胶轮缘易脱落，内层负重轮表现更明显。
弥补措施：
增大扭杆摇臂的外倾角。
7.（天气寒冷时）驾驶员观察闸口易冻结。
弥补措施：
天气寒冷时，为闸口涂抹防冻甘油。夏季不应以机油或润滑脂润滑闸口部件。
……

▲ 第503重型装甲营的一辆虎式坦克受困于沼泽中。这种情况下，只能调动若干辆半履带牵引车用绞盘将其拖出。如果救援行动失败，车组就要用两个爆破装置将坦克就地炸毁：一个爆破装置置于炮膛中，另一个置于动力室中

11. 更换扭杆耗时过多（3~4日）。

弥补措施：

使用专用工具能减少拆装负重轮的时间，这种专用工具已经投产。

……

14. 末级减速器漏油。

弥补措施：

新批次末级减速器都经过妥善的密封处理，各部队可要求下发新批次末级减速器……

……

17. 履带从主动轮上部脱出。

弥补措施：

调整主动轮齿隙，如果磨损已达肉眼可见的程度，则更换主动轮齿圈。

……

24. 化油器处供油管路泄漏。

弥补措施：

必须频繁检查供油管路，紧固管路接头卡扣。后续批次会改用更可靠的供油管路。

25. 排气管会窜出火焰，管体发红发热，夜晚易暴露我方位置。

弥补措施：

日后会配发排气管外罩和消声/消焰器。

第 3 章　机动性

上述问题完全要归咎于虎式坦克的设计进程太过仓促，定型测试也不够全面，其直接后果就是在早期作战行动中要面临极高风险。然而，德军除此之外也没有更多选项，因此只能强吞下这些苦果。

诸多战斗报告和老兵访谈都表明，虎式坦克的传动机构，尤其是变速器性能，要比人们之前想象的好得多。只要在战斗中妥善操作，全神贯注，变速器就不会找麻烦。当然，驾驶员的专业态度和维修人员的过硬技能也是不可或缺的。

尽管传动机构的可靠性并不差，但虎式坦克的驾驶员们都会将一句话铭记在心：永远，永远不要在倒车时转向。挂倒档时，虎式坦克的履带很容易在转向过程中脱离驱动齿，窜到主动轮上部，这样一来，轻则会导致一侧履带损坏，重则会导致坦克彻底抛锚，甚至人员伤亡。

冬季机动性

对德军而言，入冬后又会面临新的挑战。尤其在东线，一年中的多半时间里，天气都会恶劣到影响作战行动的程度。9—10月间降雨频繁，乡村地区的道路几乎都是泥泞不堪，只有一些经过硬化的公路和铁路系统尚能勉强通行（如果某地连坦克都难以通行，那么对轮式车辆而言就是寸步难行）。冬季的严寒对人员和装备都是极大考验。雪上加霜的是，苏联冬季的气温还会出现大幅波动——2月有时会突然升温。冰雪融化后，本已开辟出的道路过不了一会儿就会变成"烂泥的海洋"。几天后，当气温又急速回落时，车轮在烂泥中碾压出的乱七八糟的车辙又会冻得像生铁一样坚硬。

▼ 1945年春，一些"虎王"坦克正赶往前线阻挡苏军装甲部队的攻势。一辆配装75mm口径短身管炮的SdKfz 251/9火力支援车伴随行动提供支援，该车来自装甲掷弹兵单位

▲ 一辆"骡子"半履带运输车为一辆饱经战火洗礼的虎式坦克送来了补给品。确保燃油、机油和备件的顺畅运输对保持装甲部队的机动能力至关重要。这辆虎式坦克的裙板已变形,两个前挡泥板全部遗失,此外,部分防磁涂层剥落,这可能是中弹所致。

第503重型装甲营维修连连长在1943年4月14日的一份战斗简报中写道:

虎式坦克的冬季机动性并不理想。防滑爪理论上能提高履带的附着力,大幅减小打滑的概率(完全磨损前能一直发挥作用)。但目前配发的防滑爪很难适应路况,哪怕在相对平缓的结冰坡道上,履带也会出现严重打滑现象。防滑爪很容易从履带上脱落,行驶30~40km就会严重磨损。行军途中很难更换防滑爪,因为履带上积满冰雪,必须用喷灯将冰雪熔净后才能开展更换作业。我们在此呼吁用具有预制防滑齿和锐利侧翼(长度在40~50cm)的冬季履带板取代加装防滑爪的普通履带板。冬季履带板应为左右两侧通用的样式,每条普通履带应换装10~14节冬季履带板,这样能使虎式坦克在冬季保持良好的机动性。

履带安装防滑爪后会影响坦克在坚实地面上的行驶速度,还会使扭杆和传动轴承受巨大负荷。此外,在刚刚过去的这个冬天,虎式坦克并没有出现其他问题,它完全能满足部队要求⋯⋯

1943年秋,虎式坦克开始配装一种接地面带防滑齿的履带,不过遗憾的是，目前并没有找到相关战场报告。

"虎王"的机动性

"虎王"是融合虎式 E 型使用经验和最新技术成果的产物。与"黑豹"坦克一样，"虎王"也采用了倾斜装甲，它的防护水平超越了前辈，同时配装一门身管更长的主炮，因此重量相对虎式坦克增加了 15t 之多。

为减轻后勤负担，"虎王"搭载了与"黑豹"相同的发动机，两者可以互换。迈巴赫随后还为"虎王"专门开发了一型功率更高的新发动机，但直到战争结束也没能定型。

虎式坦克的 Olvar 变速器设计出色，因此德国武器局决定将它"移植"给"虎王"和"黑豹"。最终只有"虎王"沿用了这型变速器，"黑豹"则配装了操作更复杂但结构相对简单的手动变速器。

单从账面数据看，"虎王"的最高公路行驶速度为 41.5km/h，但目前没有资料能说明它的加速性和可操纵性究竟如何。唯一能肯定的是，它的机动性至多与虎式相当。

▼▼ 摄于 1944 年 10 月的匈牙利布达佩斯，第 503 重型装甲营的"虎王"坦克停在街道上。这辆"虎王"安装的是量产型炮塔，配装双节炮管型 88mm 口径 KwK 43 L/71 主炮，可见量产型炮塔消除了早期型炮塔存在的窝弹区

▼ 摄于 1944 年 7 月，第 503 重型装甲营第 3 连的 14 辆"虎王"坦克，正列队开展实弹演习。早期批次"虎王"配装的都是原本为保时捷项目准备的炮塔，炮管则为一体型（单节）

▲ 在装卸虎式坦克时，用于辅助其上下铁路平板运输车的特种端式装车斜坡台，也称"虎式斜坡"（Tigerrampe）

铁路运输

只要条件允许，德军就会用铁路来运输坦克，这主要出于两方面考虑：一是坦克的动力系统可靠性相对较差，长途奔袭会面临较大风险，二是减少坦克的机械损耗，延长维护间隔。此外，东线战场路网稀疏也是德军依赖铁路调动大型装备的重要原因。

无论从重量还是尺寸（尤其是车体正面宽度）方面看，虎式坦克对铁路部门而言都算得上一个"烫手山芋"。

SSyms 六轴铁路平板运输车是虎式 E 型和"虎王"的主要载具。由于两者含履带的正常宽度都超出了铁路限宽，装车前要换装比战斗履带窄一些的铁路运输履带（Verladeketten）。虎式 E 型配装的战斗

第 3 章　机动性　63

履带宽度为 725mm，而铁路运输履带宽度为 520mm，换装时要拆除外层负重轮。正常情况下，换装履带和拆装负重轮的工作大概要耗时 30 分钟。

"虎王"配装的战斗履带宽度达 800mm，铁路运输履带宽度为 660mm，由于其负重轮排布方式与虎式 E 型不同，换装履带时无需拆除外层负重轮。

铁路运输履带平时由 SSyms 平板运输车载运。完成坦克运输任务后，承运的铁路部门要负责清理和维护铁路运输履带，并将它们装回 SSyms 平板运输车上。

1943 年 9 月 30 日，第 506 重型装甲营营长在战斗报告的草稿中记录了如下内容：

Ⅰ.）铁路运输

我营在 1943 年 9 月 9 日 17：00 至 9 月 12 日 18：00 间完成了铁路运输工作，耗时 3 天，共装车 11 列，装车期间占用 1 座特种端式装车斜坡台（Sonderverlade-Kopframpe）和 1 座月台。

我营原计划在基洛韦（Kirove）东北 25km 处的斯纳门卡将铁路运输履带换为战斗履带，因为在这里卸车更省时，每列车只需约 30 分钟即可卸完。然而，列车却沿第聂伯罗彼得罗夫斯克（Dnjepropetrovsk）- 谢内尔尼科沃线开到了扎波罗热（Saporoshje），那里缺乏

▲ 没有专用机具时，装卸虎式坦克困难重重。图中这辆隶属党卫军第 103（503）重型装甲营的虎式坦克，只能借助一个用干草和虎式战斗履带搭成的斜坡缓缓驶上 SSyms 铁路平板运输车。这是一辆配装铸造指挥塔和钢缘负重轮的后期型虎式坦克

◀ 特种端式装车斜坡台可拆卸装车运输，抵达目的地后再组装展开使用。图中的斜坡台已在平板车一端展开，准备装卸虎式坦克

▶ 第 505 重型装甲营的 2 辆 18 吨级牵引车（SdKfz 9）正将一辆丧失机动能力的虎式坦克拖上 SSyms 铁路平板运输车，后方还有一辆 SdKfz 9/1 起重机在推顶这辆虎式坦克，注意坦克指挥塔上架着一个雨挡

卸载设备，我们只得借助当地一座破败不堪、摇摇欲坠的斜坡台卸车，导致耗时成倍增加。尽管列车在短时内相继抵达，但必须再耗费一天半时间卸车……

直到 9 月 10 日，最后一列列车才卸载完毕，虎式坦克来不及换下铁路运输履带就开赴前线，那里的形势万分危急……

从上述报告不难看出，用铁路运输整个重型装甲营暴露出很多问题，而且耗时过长。铁轨/路基的质量、铁路桥的承载能力以及装卸设备的数量都会直接影响运输效率，铁路部门有时不得不因陋就简。

1944 年 1 月 15 日，第 506 重型装甲营营长又提交了一份有关 1943 年 9 月 20 日—1944 年 1 月 10 日在克里沃罗格（Krivoj Rog）以北地区作战行动的总结，摘录如下：

……1943 年 9 月 20 日—1944 年 1 月 10 日，我营击毁敌坦克 213 辆、反坦克炮等火炮 194 门，在此期间曾与我营协同作战的师级单位如下：

第 9 装甲师（9.Pz Div）

第 123 步兵师（123.Inf Div）

第 16 装甲掷弹兵师（16.PzGrenDiv）

第 23 装甲师（23.PzDiv）

第 11 装甲师（11.PzDiv）

第 13 装甲师（13.PzDiv）

第 17 装甲师（17.PzDiv）……

第 3 章　机动性　　65

▲ 第 505 重型装甲营的 224 号虎式坦克在经铁路运输时仍配装战斗履带，尽管这会严重影响运输安全且被明令禁止，但依然屡见不鲜。与其他单位将战术编号喷涂在炮塔侧面不同，第 505 重型装甲营坦克的战术编号位于炮管根部，此外，该营所辖虎式坦克几乎都会在车体侧面携带原木。注意这辆虎式的首上装甲部位还有可容纳若干履带销钉的卡槽

◀ 一辆虎式坦克和载运它的铁路平板运输车在遭遇轰炸后严重损毁

运输

SSyms 平板运输车的数量不足导致每次利用铁路调动部队都会问题频出。1943 年 12 月 29—30 日的调动期内，有 13 辆虎式坦克装车发运。由于没有多余的 SSyms 平板运输车，我营在尼古拉耶夫（Nikolajev）待命的 3 辆虎式坦克，以及在克里沃罗格待命的 3 辆虎式坦克均无法一同发运。直到今天（1944 年 1 月 9 日），集团军群才派车将正在尼古拉耶夫/克里沃罗格一带待命或接受维修的 12 辆虎式坦克接走归队。我们预计这些坦克将在 1 月 20 日运抵目的地。

在铁路沿线活动的（苏联）游击队对运输行动也构成了一定的威胁。第 503 重型装甲营的阿尔弗雷德·鲁贝尔（Alfred Rubbel）在日记中写道：

苏联境内的铁路桥承载力通常有限，我们需要在每 2 辆 SSyms 平板运输车之间连接 3 辆作为"保护车"（Schutzwagen）的空车皮，以分散虎式坦克的重量，减小铁轨承受的载荷。一列列车包括 5 辆 SSyms 平板运输车和 12 辆"保护车"。如果要经过游击队出没的地区，就还要在车头前加挂两辆空车皮，用于引爆布置在铁轨上的爆炸物。

SSyms 平板运输车需要提前申请才能正常使用：虎式 E 型和"虎

◀ 疑似第 506 重型装甲营的虎式坦克，正由 SSyms 铁路平板运输车载运，换装了运输履带，车体前后均用楔子固定，战斗履带置于底盘下，架在指挥塔上的 MG 34 机枪用于防空

王"所配装的铁路运输履带并不相同，因此要在 SSyms 平板运输车上提前装好相匹配的铁路运输履带。1944 年 9 月的《装甲部队公报》特别发文强调：

虎 I 与"虎王"的行走机构结构不同，因此适配的铁路运输履带也不同，两者（指铁路运输履带）以不同颜色的涂料标记：
虎 I——绿色
"虎王"——红色
在申请 SSyms 平板运输车载运虎式坦克时必须注明：
SSyms（绿色）——装有适配虎 I 坦克的绿色铁路运输履带的 SSyms 平板运输车
SSyms（红色）——装有适配"虎王"坦克的红色铁路运输履带的 SSyms 平板运输车
大家应小心使用铁路运输履带，保持涂料层的完整，必要时重新喷涂涂料。使用完毕，必须将履带装回平板运输车上。

总体而言，德国铁路部门的努力值得肯定。穿梭于东线战场的列车多数都能准时抵达它们的目的地，这无疑证明了铁路部门管理有方。而在西线战场，由于盟军飞机白天活动频繁，德军的铁路和公路运输行动都不得不在晚上进行。

火 力 4

虎式坦克 E 型

虎式坦克威名远播很大程度上源于它所配装的 88mm 口径 KwK 36 型主炮。在 1942—1943 年间，各种虚虚实实的宣传资料和传闻在交战双方的官兵和民众间流传，将虎式坦克的火力水平描绘得"神乎其神"。

前文提到，技术水平（相比 KwK 36）更高的锥膛炮因钨矿石供应问题而无法大量生产，因此 KwK 36 更像是"权宜之计"。KwK 36 实际上是闻名遐迩的 88mm 口径高射炮的衍生型，作为当时综合性能出类拔萃的坦克炮，它的身管长达 4.93m（56 倍口径），发射穿甲弹时的初速很高，能在较远距离上有效毁伤盟军坦克。由于口径较大，发射高爆弹的威力也相当可观。

瞄具

早期的虎式坦克配装 TzF 9b 型双目瞄准镜（TzF，Turmzielfernrohr，炮塔瞄准装置），它的火炮瞄准距离为 4000m，MG 34 同轴机枪的瞄准刻度上限为 1200m。

与 TzF 9b 配合使用的还有 EM 09 型立体测距仪（EM，Entfernungsmesser，测距仪）。遗憾的是，如今已经无从考证当时的坦克兵如何使用这型测距仪，但可以肯定的是它无法安装在炮塔内部，也无法在炮塔内部操作。曾任第 502 重型装甲营营长的吕德尔少校在一封寄给陆军武器局的信中写道：

EM 09 测距仪存在的问题

……我们最近刚刚接收了一批 EM 09，但绝大多数还留在意大利……我们必须挑选一些具有"立体视野"的人来操作它，但这又会

◀ 第 502 重型装甲营的一辆虎式坦克正在参加演习。虎式坦克配装的 88mm 口径 KwK 36 L/56 型主炮基于同口径高射炮发展而来，是第二次世界大战期间综合性能最优异的坦克炮之一

▲ 1943年夏，第505重型装甲营的313号虎式坦克正在补充弹药。为方便作业，车组就地取材，制作了一架木梯，搭在坦克侧面。这辆坦克的车体上盖着一些稻草，用于在广阔的苏联草原上进行伪装

导致新问题，我找不到合适的医生来开展这项工作……挑选测距仪操作员的工作要耗时几周，工作量非常大。我营所辖单位散布在方圆250km范围内，这种情况下我无法将合适的人选都集中起来，也无法对他们进行培训。这里正在打仗，大家都有更紧迫的事要处理……事实上，EM 09测距仪必须由车外的人操作。

弹药

与KwK 36配套的弹药也是由88mm口径高射炮的弹药发展而来的，两者的弹道特性十分接近，但并不能通用——因为击发原理不同：88mm口径高射炮采用机械击发装置和撞击底火，而KwK 36采用电动击发装置和电底火。

KwK 36使用的88mm口径高爆弹（Sprenggranat-Patrone，SprGrPatr）可选装碰炸引信和延时引信。PzGrPatr 39（PzGrPatr, Panzergranat-Patrone，高爆穿甲弹）是KwK 36最常用的反装甲弹，也称被帽高爆穿甲弹（Panzer-Kopfgranate）。PzGrPatr 40是一型高速穿甲弹（HVAP），配装钨合金硬化弹芯（Hartkern），初速比一般穿甲弹高，穿甲能力更出色。PzGrPatr 39 HL破甲弹（HL，Hohlladung，成型装药）实际上是一种特殊的高爆弹，利用化学能来击穿装甲。

1943年4月1日，德国陆军最高统帅部发布的一份正式文件中

第 4 章 火 力

◀ 战斗中，必须确保前线部队的弹药供应稳定，因此一切车辆都可能加入为坦克输送弹药的行列。虎式坦克设有 5 个可供车组成员逃生的舱门，可最大限度减少人员损失。相较之下，苏联的 JS-2 坦克只在炮塔上设有 2 个舱门，包括驾驶员在内的全体车组成员都只能经这 2 个舱门逃生

列出了各型反装甲弹在不同距离上的穿深：

型号 \ 距离/m	100	500	1000	1500	2000
PzGrPatr 39	118mm	111mm	100mm	92mm	84mm
PzGrPatr 40	170mm	158mm	140mm	不详	110mm
PzGrPatr 39 HL	90mm	90mm	90mm	90mm	90mm

　　PzGrPatr 40 在穿深上的优势显而易见，因此很多不同口径的坦克炮和反坦克炮都配用这型弹。然而，由于德国的钨金属供应不足，这型弹的储备量一直不大。上表并未像 75mm 口径 KwK 40 型坦克炮的弹道性能简表那样列出各型弹的具体生产数量：1942 年 12 月，德军库存的 75mm 口径 PzGrPatr 39 穿甲弹共有 27.6 万枚，还有 13.5 万枚正在生产，而 75mm 口径 PzGrPatr 40 钨芯穿甲弹库存为零，正在生产的也只有 5000 枚，至于最终是否达成目标产量，档案中并未提及。

　　1943 年 4 月，德国武器局发布了 1942 年 12 月—1943 年 3 月间各类弹药的消耗数量。其中，88mm 口径炮消耗高爆弹 16.4 万枚，消耗 PzGrPatr 39 穿甲弹 1.9 万枚，消耗 PzGrPatr 40 钨芯穿甲弹 100 枚——可见其消耗量仅占弹药总消耗量的 0.5%，PzGrPatr 39 HL 破甲弹没有数据。同一份档案还显示，75mm 口径 PaK 40 和 50mm 口径 PaK 38 两型反坦克炮的钨芯穿甲弹消耗量分别为弹药总消耗量的 23% 和 21%。

　　PzGrPatr 39 穿甲弹的威力已经能满足德军需求，因此 PzGrPatr 40 钨芯穿甲弹的需求量本就不大，它最终在 1943 年年中彻底停产。

　　据第 503 重型装甲营的鲁贝尔回忆，他所在的部队从未出现弹

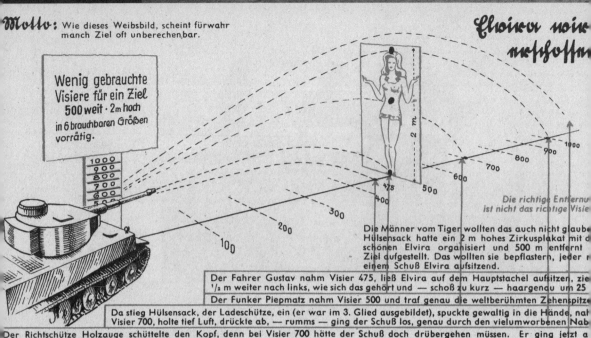

▲ 著名的《虎式插图手册》(Tigerfibel)中的一页。《虎式插图手册》是为新兵编写的虎式坦克操作教程，内容寓教于乐，枯燥的重要性能参数旁常穿插有装束"清凉"的女郎画像，借此吸引新兵的注意。这一页讲解了如何在瞄准时准确使用表尺，页面左上角写有"任何目标都如这迷人女郎般唾手可得"。页面右下角写有"射击时不能靠猜测，即使思路是正确的，对命中目标也毫无帮助"。

药短缺的情况：

如果弹药库存不足，我们这些装甲兵就会到空军和陆军的高射炮部队取弹药。尽管高射炮弹药的底火和坦克炮弹药不一样，但我们都已经掌握了更换底火的方法。聪明的装甲兵们会积攒下一大堆电底火……

KwK 36 在条件允许的情况下能进行非直瞄射击。第 503 重型装甲营曾报告过相关作战行动：在间接瞄准具的辅助下，该炮的曲射距离可达 4000m，如果目标距离在 4000m 以内，则用双目瞄准镜进行直瞄射击要方便得多。该单位发现，初速较低的高爆弹要耗费 18 秒才能击中 8000m 外的目标。横风风速和火炮膛线的磨损程度都会对弹道产生影响，因此瞄准时必须考虑这两个因素。为提高命中目标的概率，坦克炮长们还要掌握夹叉试射法（译者注：bracketing，指在只有一个观察点且无法测定炮弹炸点与目标点的偏差量的情况下，向想定目标点发射距离射击点较远和距离射击点较近的炮弹各一枚，取两枚炮弹炸点连线的中点，发射第三枚炮弹，如果未命中目标，则反复进行夹叉射击)。

上述报告中还记录了 1943 年 6 月 12 日进行的多次实弹射击（Gefechtsschiessen）：

目标	距离 /m	弹种 × 数量 / 枚
T-34	1800	穿甲弹 ×2
45mm 口径反坦克炮炮位	1400	高爆弹 ×6
76.2mm 口径反坦克炮炮位	4800	高爆弹 ×4

辅助武器

在虎式坦克车体右前部，即机电员位置前，装有 1 挺用于近距离防御的 MG 34 航向机枪。防盾右侧装有 1 挺与主炮同轴的 MG 34 机枪（炮长负责操作，装填手负责装弹）。

防御装置

虎式坦克炮塔两侧各装 1 组烟幕弹发射装置，紧急转移时可释放浓重烟幕，遮蔽行踪。参战后不久，虎式坦克的车组成员们就发现，待发状态的烟幕弹在激烈战斗中很容易被枪弹或炮弹破片击发，此时释放出的烟幕反而会妨碍本车视线。因此德军随后拆除了烟幕弹发射装置。1944 年，虎式坦克的炮塔上开始安装一种"近距离防御装置"（Nahverteidigungswaffe），它实际上是在坦克内部操作的榴弹发射器，可发射烟幕弹和破片杀伤弹——烟雾弹击发后能在坦克上方形成一片烟幕，而破片杀伤弹击发后能在坦克上方形成四散的破片，对坦克附近的敌步兵形成有效杀伤（但有时也会误伤己方步兵）。

▼ "大德意志"装甲团第 3 连的虎式坦克正从同单位其他坦克前驶过。这辆虎式坦克的首上装甲部位放着备用履带，尽管这是明令禁止的行为，但车组成员们往往能因此获得一些心理安慰。背景中的指挥型"黑豹"坦克战术编号为"0"，它是团长威利·兰凯特上校（Willi Langkeit）的座车

▲ 清理炮膛是个苦差事。作业时，4名车组成员要举着炮膛清洁杆反复擦拭炮膛，清除沉积在膛线（阴线）里的金属屑和火药残渣

作战报告

1943年1月29日，第502重型装甲营第2连连长朗格上尉（Lange）在报告中写道：

……交火

1500m是最理想的交火距离，如果主炮装定得当，那么在这个距离上我们完全能准确命中目标。到目前为止，大家都对主炮的威力和穿深感到满意，高爆弹和穿甲弹的备弹量比例应为1∶1……

以下节选自第503重型装甲营1943年3月15日的战斗报告：

我营对如下两型弹药的使用经验：

1）75mm口径（Kurz）Granatpatrone 38 HL破甲弹（三号N型坦克使用）。

2）88mm口径穿甲弹。

1）（利用75mm口径破甲弹）在1000m以内距离打击敌坦克最节省弹药……

2）（88mm口径穿甲弹）在任何距离都能有效毁伤敌坦克，适宜射击距离为1200~2000m，即使距离2000m开外射击也能实现首发命中，很少需要补射第二发。能见度较高时甚至可以在更远的距离上射击，一辆虎式坦克曾在2500~3000m的距离上仅用18发炮弹就击毁了5辆T-34坦克（其中3辆在编队前方做横向机动时被击毁）。

第4章 火 力

在"大德意志"装甲团第13连1943年3月27日的战斗报告中有如下内容：

88mm口径坦克炮可靠而强大，它的电击发装置从未出现击发失败或损坏等情况。在用高爆弹攻击5000m外的敌炮兵行军编队时，只射击三次就命中了目标，敌官兵和驮马都当场毙命。我们在1500m的距离上用穿甲弹击毁了不少T-34坦克，且没有耗费太多弹药……

一般经验与技术经验：

在一次巡逻任务中，2辆虎式坦克正面遭遇了约20辆苏军坦克，还有其他苏军坦克从后方逼近。（我方）坦克在这次战斗中表现非常出色，2辆坦克都在600~1000m的距离上被敌76.2mm口径坦克炮命中十余次，但未被击穿。虎式坦克的装甲能抵挡各方向的攻击。即使是行走机构中弹，甚至部分扭杆受损，（虎式坦克）也没有丧失行驶能力。在被敌炮弹击中后，车长、炮长和装填手都能从容地判断敌军方位，并进行有效还击。车内会出现轻微的烟气泄漏和涂层脱落现象，但排风扇能将大部分烟气和涂料颗粒排出。

战果：2辆虎式坦克在15分钟内击毁10辆敌坦克。

在600~1000m距离上，多数情况下都能首发命中目标。穿甲弹在这一距离上能有效击穿敌坦克车体正面装甲，并摧毁位于车体后部的发动机。被击毁的T-34坦克只出现过几次起火现象，如果在相同的距离上命中其车体侧后部，则有80%的概率引发殉爆。天气条件有利时，在1500m或更远距离上射击，也只需几发炮弹就能命中目标。高爆弹目前严重短缺，因此有关使用高爆弹的经验暂时无法总结……

帕德博恩装甲兵学校虎式坦克训练课程教学组（Tiger-Lehrgang）在1943年5月29日的报告中自豪地写道：

……88mm口径坦克炮的威力和穿深可谓极佳，理想射击距离为2000m左右。在苏联作战的一辆虎式坦克，经过仔细观瞄后，利用斜坡在2200~3000m距离上发射了18发高爆弹和穿甲弹，击毁了5辆T-34坦克（其中3辆在进行横向机动时被击毁）和1门76.2mm口径反坦克炮。在北非，有些M4"谢尔曼"坦克在以下距离被虎式坦克击毁：3400m击穿车体正面变速器位置（装甲）；600m击穿车体正面装甲，弹头穿透车体后飞出。虎式坦克能击穿任何已知敌坦克（装甲），车组成员对主炮威力十分满意……

▼▼ 第501重型装甲营的虎式坦克车组成员正抓紧时间检查出现故障的行走机构。将坦克长时间不加掩护地停放在公路上是一件相当冒险的事。这是一辆晚期型虎式指挥坦克，打开的装填手舱门后部是炮塔上的天线。这辆虎式的冬季伪装涂层是车组在前线自行喷涂的，履带是带防滑爪的型号

▲ 虎式坦克的战斗室内可储存92枚炮弹，而某些车组还会充分利用其他空间，在车里塞下更多炮弹。这辆隶属第502重型装甲营的虎式坦克装有11个烟幕弹发射装置，其中6个在炮塔上，5个在车体上。在发现这些烟幕弹极易被枪弹或弹片意外击发后，前线部队很快就将它们全部拆除了，后期批次的虎式坦克直接取消了这项配置。

观瞄设备

第503重型装甲营在1943年3月15日的报告中写道：

……六号坦克的观瞄设备完全能满足部队实际需求，我们在此提出以下改进意见：

1）双目瞄准镜的物镜镜片上经常会覆满冰雪或灰尘，我们需要镜片擦拭布，皮革材质最佳，毛毡材质次之。

2）双目瞄准镜左侧目镜内的刻度盘目前为固定式，应改为与右侧相同的可拆卸式。这样一来，任何一侧目镜出问题都不会影响使用。

3）炮长需要一具与T-34坦克所用潜望镜类似的潜望镜，应安置在炮塔顶部靠近照明灯的位置。

"虎王"坦克

虎式E型坦克后继车型的开发工作在其列装前就已经启动。"虎王"的综合性能相较前辈更加优异，其中最重要的变化是主炮初速进一步提高，穿甲能力更为强大。

1941年，莱茵金属公司推出了继88mm口径FlaK 36/37之后的新一代高射炮——88mm 口径 FlaK 41。希特勒对它的长身管（74 倍口径）和弹道性能颇为满意，随后要求在其基础上开发新型坦克炮。1942 年 7 月的《陆军装备研发进度调查》（Überblick über den Stand der Entwicklungen beim Heer）中记载：

88mm 口径 KwK 41 型

需求：VK 45.01（保时捷型）88 mm 口径 KwK 36 型坦克炮的后继型。

德军在 1941 年底启动了重型反坦克炮（schwere Panzerabwehr-kanone, sPak）的开发计划，以加快大威力坦克炮的开发进程，该炮应具有击毁苏联重型坦克的能力。1942 年末，基于 FlaK 41 开发的 88mm 口径 PaK 43/41 型反坦克炮正式定型，威力达到了前所未有的水平。PaK 43/41 具有出众的弹道性能，从 1943 年 4 月开始列装部队。

新型坦克炮的开发工作历时半年。首批 50 辆"虎王"配装的 88mm 口径 KwK 43 L/71 型炮采用了单节式炮管。后续批次的"虎王"换用了量产型炮塔，因此主炮换为更易生产的双节式（译者注：有些资料说是便于更换膛线磨损较严重的前段炮管）。

▼《虎式插图手册》中给出了攻击敌坦克的最佳距离范围，并通过"三叶草"示意图形象地表示出来。绿色区域代表敌坦克在实战中可击毁或击伤虎式坦克的距离范围，而面积更大的红色区域则代表虎式坦克可击毁敌坦克，但敌坦克对其无可奈何的距离范围。两相比较，可看出虎式坦克的火力和防护性优势

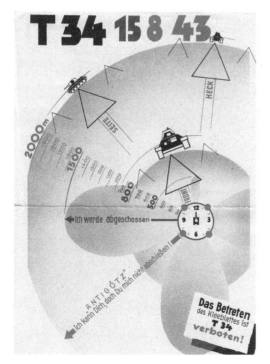

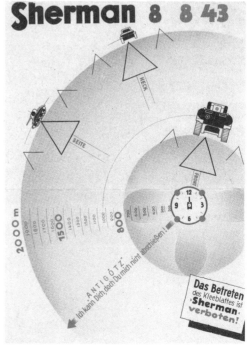

与 KwK 36 不同,有关 KwK 43 的确切资料已经难觅其踪。在德国军方档案中,只能找到寥寥几张报表。互联网上倒是能查阅到大量技术细节信息,但真伪难辨。

德国陆军最高统帅部在 1943 年 4 月的一份文件中记载了与 PaK 43 L/71 和 KwK 43 这两型炮的穿甲能力相关的内容,当时投入使用的只有 PzGrPatr 39-1 穿甲弹,PzGrPatr 40/43 高速穿甲弹尚处于开发阶段。文件中列出了这两型炮的穿深数据(见下表),未提及破甲弹,不过在 G 24I 技术数据表(Datenblatt)中能查到相关内容。

88mm 口径 SprGrPatr 43 是高爆弹,可配装碰炸引信或延时引信。

88mm 口径 PzGrPatr 39/43 是制式穿甲弹。

88mm 口径 PzGrPatr 40/43 是钨芯穿甲弹,反装甲性能更出色。

88mm 口径 PzGrPatr 39(HL)是破甲弹。

在德国战时档案中能找到下列穿深数据:

弹型 \ 距离 /m	100	500	1000	1500	2000
88mm 口径 PzGrPatr 39/43	202mm	185mm	165mm	148mm	132mm
88mm 口径 PzGrPatr 40/43	237mm	217mm	193mm	170mm	152mm

所有与 PaK 43/KwK 43 相关的战斗报告都没有说明穿甲弹的具体型号,只是笼统地使用"穿甲弹"一词,因此威力最强的 88mm 口径 PzGrPatr 40/43 钨芯穿甲弹究竟是否投入了批量生产,至今仍是未解之谜。

战斗经历

为适配威力强大的 KwK 43 型坦克炮,炮塔内要预留相当长的一段后座空间。

曾在第 503 重型装甲营服役的老兵卡尔·费舍尔(Karl Fischer)回忆道:

我曾担任"虎王"坦克的装填手,当时我才 19 岁,身体健康且强壮。在空间相对狭小的炮塔里搬运体积庞大的炮弹(大约长 1m,重 20kg)是一件很困难的事,我这辈子再也没像那时一样,满身磕碰得青一块紫一块……

留存至今的"虎王"坦克战斗报告已经寥寥无几,不过有关 SdKfz 164"犀牛"(又称"大黄蜂")自行反坦克炮和 88mm 口径 PaK 43/41 反坦克炮的战斗报告相对好找一些,这些反坦克炮的性能与"虎王"的主炮性能相当。

◀ 摄于 1943 年春的北非,第 501 重型装甲营的虎式坦克。相较部署在当地的盟军坦克,虎式坦克具有压倒性优势。在持续数月的突尼斯战事中,德军在 1940—1942 年间屡试不爽的装甲战术,再次发挥了奇效

▶ 针对英国"丘吉尔"坦克的"三叶草"示意图。德国装甲兵普遍认为"丘吉尔"坦克是难缠的对手。苏军通过《租借法案》获得了大量"丘吉尔"坦克,一些资料表明,南线苏军装备的各型坦克中约有 40% 来自美、英两国

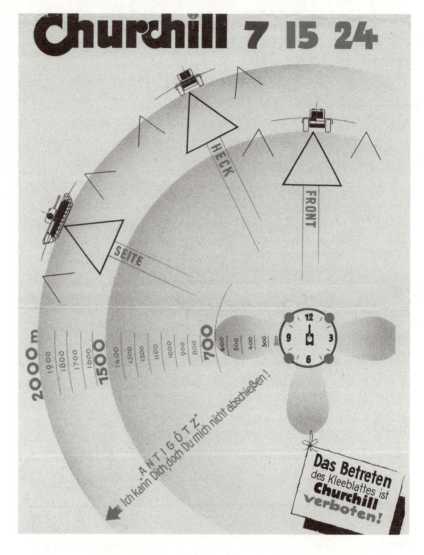

第 662 重型坦克歼击营(schwere Heeres-Panzerjäger-Abteilung 662/sHPzJgAbt 662)装备了 88mm 口径 PaK 43/41 型反坦克炮,该营营长在 1943 年 8 月 1 日的战斗报告中写道:

该炮极其精准,有时能击毁 5000m 开外的敌坦克……该炮需频繁进行校正装定……

装备 SdKfz 164 自行反坦克炮的第 655 重型坦克歼击营在 1943 年 8 月 27 日的报告中写道:

▲ 摄于1944年8月2日的罗莫拉(Romola,位于意大利佛罗伦萨以北),新西兰第2师第4旅下属第22营完整缴获了德军第508重型装甲营的一辆虎式坦克

　　一个连的"大黄蜂"(6辆)于7月11—27日间部署在奥廖尔(Orel)以东执行防御任务……我们击毁了1辆KV-2坦克、19辆KV-1坦克、1辆"李将军"坦克(即M3坦克)、30辆T-34坦克、1辆T-60坦克和5辆T-70坦克。

　　技术经验:

　　88mm口径PaK 43/41已经展现出它的价值,它能在很远的距离上精准射击。对任何一型敌军坦克,其命中效果都可以说是毁灭性的。一次,我们在4200m的距离上击毁了1辆T-34坦克……

　　另一个装备SdKfz 164自行反坦克炮的单位——第519重型坦克歼击营在1944年2月28日的战斗报告中写道:

　　……在维帖布斯克(Vitebsk)的防御战中,苏军的50多辆坦克发起了大规模进攻……在27分钟内,其中47辆被我方击毁,我方毫发未损。一辆"大黄蜂"击毁了14辆敌坦克,另一辆"大黄蜂"击毁了6辆,还有一辆"大黄蜂"击毁了2辆……

装甲 5

虎式坦克遵循了德国坦克的传统布局。人们总误认为虎式坦克只是简单对标 T-34 坦克的产物，但它实际上是德国在坦克设计方面的一次飞跃。

虎式坦克设计组带头人埃尔温·阿德斯博士（Dr.Erwin Aders）曾说（引自斯皮尔伯格《虎式坦克及其变型车》，Spielberger，The PzKpfw Tiger and its variants）：

直到 1942 年 9、10 月，高层仍然认为虎式坦克是个不中用的货色。克虏伯设计的炮塔是圆柱形的，他们绞尽脑汁起了个"马口铁罐头"的绰号……

以 1942 年的标准来衡量，虎式坦克的装甲防护水平是极高的，它的炮塔和车体正面装甲厚度均达 100mm，侧面和后部装甲厚度也有 80mm。尽管其车体各面装甲几乎都没有倾角，但仍能为乘员提供高水平防护。截至 1942 年末，盟军还拿不出任何一型能在 100m 以上距离对虎式坦克造成伤害的火炮，而苏军只能用从 14.5mm 口径反坦克步枪到 152mm 口径榴弹炮在内的各类武器，对虎式坦克进行"狂轰乱炸"。

1943 年——"虎"年

虎式坦克甫一服役就成为所有德国装甲兵的"梦想座驾"，它的装甲几乎坚不可摧，还拥有一门威力巨大的 88mm 口径主炮。从宣传角度看，虎式坦克简直是鼓舞士气的"活海报"。

"大德意志"装甲团第 13 连 1943 年 3 月 27 日的战斗报告为我们描述了一场真正的坦克战，同时证明了虎式坦克的装甲质量完全经得起实战考验。

◀ 第 502 重型装甲营的一辆虎式坦克的车首被苏军 76.2mm 口径坦克炮击中，炮弹被装甲弹开，只留下一处小凹痕，对车组成员未造成任何影响

▲ 第503重型装甲营扎贝尔少尉的座车——231号虎式坦克,在捷美尔尼科沃一带作战时,被各口径苏军武器击中252次。这辆虎式坦克并未因此丧失行动能力,脱离战斗后又行驶了60km并成功归队。该坦克随后被送回德国本土(注意图中换装了运输履带),但是否经修复已不可考

以下是扎贝尔少尉(Zabel)针对捷美尔尼科沃集体农庄(Ssemernikovo)进攻行动撰写的报告:

桑德尔战斗群在进攻捷美尔尼科沃西面的集体农庄时,遭遇了一支实力强劲的敌军部队。由于担当前锋的虎式坦克与后面的中型坦克行动脱节,敌军火力全部集中到虎式坦克上。(虎式)坦克的正面和右面接连中弹,敌军的坦克、反坦克炮和反坦克步枪离得老远就纷纷向它开火。一枚76.2mm口径炮弹击中了我座车的驾驶员席前部(车体),用铁棍固定在车外的备用履带一下就被打飞了,我们在车里听到了撞击声,车体还轻微振动了一下。我们距敌人越近,76.2mm口径炮弹击中车体时产生的撞击声和振动幅度就越大。与此同时,大量近失弹落在坦克周围,掀起一股股烟尘。我们又行驶了一会儿后,一名车组成员发现又有什么东西击中了车体,撞击声比之前小一些,而且扬起一股黄色烟雾,这应该是被反坦克步枪的子弹击中了。

没过一会儿,一枚45mm口径反坦克炮弹击中了指挥塔,防弹玻璃窗格固定架损坏,导致防弹玻璃窗格卡在原位,因受热变形而模糊不清。接着,又一枚炮弹击毁了指挥塔舱门支架,舱门掉进了炮塔里。战斗室瞬间浓烟四起,室内温度急剧升高。装填手舱门也卡住

了，反坦克步枪弹打坏了铰链和支架，舱门无法关紧。

战斗过后，（我们）发现车长指挥塔上共有2处45mm口径反坦克炮弹痕，15处反坦克步枪弹痕。

在为期两天的进攻中，敌人将我们的2挺机枪全打坏了，炮塔两侧的烟幕弹发射装置受损，灌进炮塔里的浓烟多次导致无法继续作战。

……所有车组成员的精神都备受折磨，我们失去了时间概念，也感受不到饥饿和其他生理需求，就这样打了6个多小时，但我们觉得根本没过多久。

76.2mm口径炮又一次击中防盾，击碎了主炮固定螺栓，导致驻退机液压油泄漏。主炮卡在了后坐位置，控制电路也出现故障，炮闩无法闭合。随后，车体又被多次击中，无线电台失灵，两侧转向操纵杆无法扳动。发动机在排气管外罩被击毁后自燃，好在自动灭火装置及时扑灭了明火。炮塔座圈的多枚固定螺栓在剧烈振动中松脱，因此炮塔一时无法转动。

我们在车体上一共发现227处反坦克步枪弹痕、14处57mm口径反坦克炮弹痕以及11处76.2mm口径反坦克炮弹痕。右侧悬架遭重创，多组负重轮上的连接法兰彻底报废，两根扭杆损坏，一侧诱导轮轴承受损。

▼ 战斗结束后，德军将231号虎式坦克装上SSyms铁路平板运输车运回本土。注意本应位于车体后部的2个附加空气滤清器已报废或遗失，炮盾上的观瞄孔周围明显被苏军反坦克步枪多次击中，指挥塔上也有多处弹痕，但无一击穿

▲《虎式插图手册》封面上有这样一句话:"虎式坦克,天呐!动力真澎湃!"

尽管遭到如此猛烈的打击,这辆虎式坦克仍然坚持行驶了60km,多处焊缝因中弹出现裂纹,剧烈振动导致一侧燃油箱泄漏。我们还发现履带有多处损坏,但对正常行驶并无大碍。

最后,我们可以说,虎式坦克的装甲防护能力完全符合预期……

签名:扎贝尔少尉

1941年时,苏军反坦克武器的装备量和性能都着实令德国人吃惊——德军反坦克部队(Panzerjäger)大量装备的37mm口径反坦克炮几乎在一夜之间就过时了(早在法国战役期间,德军反坦克炮威力不足的问题就已经暴露出来了)。德国人很快意识到,苏军的76.2mm口径野战炮能摧毁所有德军现役坦克。德军官兵们称这种炮为"咻砰炮"(Ratsch-Bumm),因为它的初速很高,总是先听到炮弹飞行中的"咻"(Ratsch)声,过会儿才会听到炮弹击发时的"砰"(Bumm)声。除若干型反坦克炮外,苏军还装备了14.5mm口径反坦克步枪。当今很多文献资料都对这型步枪抱有"过时"和"无效"的偏见。实

第 5 章 装 甲

Er hält alles aus....

Dieser Tiger erhielt im Südabschnitt in 6 Stunden:

227 Treffer Panzerbüchse,
14 Treffer 5,2 cm und
11 Treffer 7,62 cm.

Keiner ging durch.

Laufrollen und Verbindungsstücke waren zerschossen,
2 Schwingarme arbeiteten nicht mehr,
mehrere Pak-Treffer saßen genau auf der Kette, und
auf 3 Minen war er gefahren.
Er fuhr mit eigener Kraft noch 60 km Gelände.

▲ 纳粹宣传机构自然不会放过 231 号虎式坦克的传奇故事。在 1943 年初出版的《虎式插图手册》中，收录了这辆虎式坦克的照片，注意其烟幕弹发射装置被击中后变得七零八落

际上，它能由步兵携行和操作，具有易生产和造价低等特点，还能有效击穿德军坦克和突击炮的侧面装甲，当然前提是操枪步兵敢于突击到较近的距离上。此外，坦克炮塔顶端的车长指挥塔也经常遭到反坦克步枪的攻击，大口径枪弹炸裂后会使指挥塔严重受损。

即使是虎式坦克也可能被反坦克步枪"打成重伤"：如果枪弹凑巧击中指挥塔上的防弹玻璃窗格，就有可能伤到车长，而如果击中驾驶员观察口，就有可能迫使坦克停驶。

帕德博恩装甲兵学校在 1943 年 5 月 19 日的一份报告中记录了虎式坦克的防御经验：

……虎式坦克的正面和侧后（装甲），能顶住除美制 57mm 口径反坦克炮外的任何一种敌反坦克武器的攻击，包括缴获自我军的 75mm 口径反坦克炮。美制 57mm 口径反坦克炮能击穿（虎式坦克的）炮塔和车体侧后装甲。76.2mm 口径炮的破坏力也不容小觑，它可能导致炮盾卡滞，无线电台和控制电路失效，进而使虎式坦克短时内无法作战。近距离命中的 76.2mm 口径炮弹还会导致车首装甲和防盾开

▲ 苏军反坦克炮有能力将虎式坦克打瘫。图中的231号虎式坦克，战术编号上部和右部车体均被击穿，另有一枚炮弹击中指挥塔下部，并将指挥塔顶起。图中出现德军人员说明这辆坦克已被回收

裂。苏军的反坦克步枪能使三号坦克和四号坦克瘫痪，但对虎式坦克没什么威胁——在极近距离上击中车体只会留下深约4cm的弹孔，但可能击穿防弹玻璃，因此应尽量减小观察口尺寸。即使用76.2mm口径炮直接攻击虎式坦克的负重轮，也不会每次都奏效……

报告中提及的"美制57mm口径反坦克炮"可能是美国仿制的英国6磅QF反坦克炮，美军型号为M1。像虎式坦克这样的"大威胁"显然会受到对手的"特殊关照"——苏联就研制了多型长身管（或大口径）火炮，以及性能更强的穿甲弹来对付它。

遗憾的是，很多德军指挥官都对虎式坦克抱有不切实际的幻想，他们经常会违反战术原则，将这种强大且"珍贵"的武器匆匆投入战斗，导致很多虎式坦克白白损毁。1943年9月12日，一名装甲兵军官致信上级，提醒指挥官们不要用虎式坦克做无谓牺牲，他写道：

军中很多权威人士，尤其是高级指挥官，都认为虎式坦克是坚

◀ 东线战场上的德军摩托车传令兵（Kradmelder）。其身后是第501重型装甲营的虎式坦克，冬季伪装涂层覆盖了整个车体，只露出战术编号

▲ 苏军缴获了一辆隶属第505重型装甲营的虎式坦克，注意其首上装甲上喷涂的"狂奔公牛"营徽。这辆虎式坦克显然被苏军炮手当成了练习标靶，车体侧面布满弹痕，还有多处贯穿孔

不可摧的，因此我必须在此说明：

虎式坦克的装甲绝非无法击穿，实际上，苏联的76.2mm口径炮（长身管型）在入射角合适时，能在如下距离上击穿虎式坦克的装甲：

正面装甲：500m以内。

侧面及后部装甲：1500m以内。

按苏军资料，以下武器能击穿虎式坦克的装甲：

火炮口径/型号	弹种	正面装甲	侧面装甲	后部装甲
45mm口径 M37	次口径	无法击穿	200m	200m
45mm口径 M42	次口径	无法击穿	500m	500m
57mm口径	次口径	500m	无数据	无数据
	穿甲弹	无法击穿	600m	600m
76mm口径高射炮	次口径	700m	无数据	无数据
	穿甲弹	无法击穿	500m	500m
76mm口径反坦克炮	次口径	100m	700m	700m
85mm口径高射炮	穿甲弹	无法击穿	1000m	1000m
122mm口径	穿甲弹	1000m	1500m	1500m
152mm口径	穿甲弹	500m	1000m	1000m

服役仅一年后，虎式坦克坚不可摧的"神话"就已经破灭了。此时的德军指挥官不得不像1942年那样，谨小慎微地谋划和准备每一次任务，否则即使是强大的虎式坦克，也可能"命丧"前线。此外，他们还要牢记，在每一次进攻战中，能投入作战的虎式坦克都是相对有限的，这也会带来一定风险。

▲ 自"城堡行动"以来,第505重型装甲营的很多车组都在虎式坦克车体侧面绑上了带刺铁丝网,以防苏军反坦克小组抵近作战时爬到车上。截至1943年冬,该营的虎式坦克仍留有带刺铁丝网

"虎王"

作为虎式坦克的继任者,"虎王"坦克的装甲防护水平自然要更高一些,在厚度增加的同时,整体布局也出现了很大变化。"虎王"的车体采用了全向倾斜装甲,与"黑豹"坦克相似。

与虎式相比,"虎王"的正面装甲要厚得多:首上装甲厚度达150mm,炮塔正面装甲厚度为185mm,炮塔和车体侧后装甲厚度均为80mm。

防护水平的提高势必导致重量的蹿升,并进一步限制机动性。"虎王"战斗全重达72t,如果它不幸在战场上"趴窝",那简直是维修单位的"噩梦"。

▶ 可见这辆虎式坦克100mm厚的首上装甲被击穿2次

1945年2月的《装甲部队通报》记载如下：

……西线坦克战

敌我双方的有效交战距离取决于射击阵位间的距离，尤其是坦克与坦克间的距离。换言之，无论正面还是侧翼交战，都会受距离制约。根据前线作战经验和射击测试结果，我们可得出如下结论：

……由于主炮穿深远大于"谢尔曼"坦克，虎式坦克能在3000m以内的距离上击穿"谢尔曼"坦克除主炮防盾外的所有部位装甲，而

▼ 美军用于开展射击测试的一具"虎王"坦克车体。美军的90mm和105mm口径炮使用的高速穿甲弹均无法击穿"虎王"坦克150mm厚的首上装甲，而它们已经是美军当时威力最强的反坦克武器了

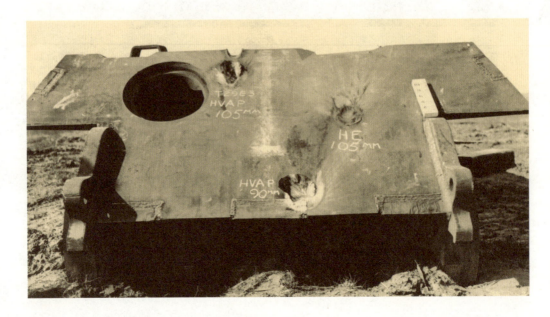

"谢尔曼"坦克无法击穿虎式坦克正面任何部位的装甲,击穿侧面装甲也要接近到 1100~1800m 的距离……

上述报告中没有明确虎式坦克的具体型号(是 E 型还是 B 型),也没有明确"谢尔曼"坦克配装的主炮型号,这显然不利于我们做出准确判断。毕竟,不同型号"谢尔曼"配装的 75mm 口径炮和 76mm 口径炮间的威力差距还是很大的。

德军高层没有回避"虎式坦克绝非坚不可摧"这一事实,并敦促装甲部队的连、排级指挥官和车组成员根据既有经验改变战术布置。1944 年 9 月的第四期《装甲部队通报》写道:

……不要将单辆虎式坦克部署在高地上监视敌军行动!最近有 3 辆执行此类任务的虎式坦克被 122mm 口径炮击毁,3 个车组中只有 2 人幸存……

▼ 摄于 1944 年的意大利,美军击毁了一辆隶属德军第 508 重型装甲营的虎式坦克,在其车体被穿甲弹贯穿的部位,防磁涂层出现大面积剥落

作战 6

1942—1943 年间在东线的作战行动

第 503 重型装甲营的鲁贝尔回忆道：

我在普特罗斯（Putlos）第一次见到虎式坦克，那时我正参加专业训练课程，可悲的是直到 1943 年 1 月，我们手头都没有一辆虎式坦克……我们只能靠看电影，还有和房东的女儿们厮混来消磨时光……1 月底的一天，我朋友海诺（Heino）跑到食堂嚷嚷："坦克到了！第一辆虎式坦克已经到了！"我们跑到车库，结果大失所望。我不知道自己理想中的虎式坦克该是什么样，可我们在东线都曾与 T-34 坦克作战，我们都企盼着一辆车身线条流畅且优雅的坦克，但眼前这个"大铁坨"真是让人失望……

作为第一个列装虎式坦克的作战单位，第 502 重型装甲营的组建工作进展十分缓慢。1942 年 8 月，该营接收了 9 辆虎式坦克，并按上级指令奔赴位于北方集团军群战区的姆加（Mga）附近，当时还没有基于虎式坦克改装的指挥车。

针对虎式坦克参加的首次战斗，一位姓名不详的军官抱怨说当时的情况并不适合部署坦克：

我们那位战功卓著的将军（译者注：可能指装甲兵总监古德里安）很快就会知晓第 301 装甲营和第 502 重型装甲营目前的情况。我必须在此声明，这种情况不能再持续下去了。从提交给我的作战报告看，3 辆全新的虎式坦克几乎刚一露面就丧失了战斗力，因为（指挥官）将它们部署在雷区里，对付几辆半埋在地里的 T-34 坦克……

◀ 隆美尔元帅正在视察第一批量产虎式坦克，地点可能是库默斯多夫试验场。图中这辆虎式坦克的前挡泥板是出厂后安装的，牵引环也并非制式型号。按原计划，隆美尔的非洲军应在 1942 年 9 月接收首批 2 辆虎式坦克

▲ 这辆虎式坦克可能隶属 1943 年在东线作战的第 502 重型装甲营,车组成员正用燃油桶加油。可见其炮塔侧面有多处苏军反坦克步枪弹和反坦克炮弹留下的弹痕

德军指挥官将进攻准备工作抛诸脑后,对前期侦察信息也置若罔闻,难以避免地做出了错误判断。不过,这也可能是上级单位无视基层指挥官的意见,强行下令发起的进攻。操作虎式坦克的车组成员对这个刚刚投入战场的武器还不熟悉,也没有可参考的技术资料,将未经战火考验的武器匆匆投入一场烈度可观的战斗显然要面临极高风险。总之,虎式坦克的"首秀"是极其失败的。

1943 年 4 月,德军第 18 集团军指挥部(AOK 18)针对 1943 年 1 月 12 日—3 月 31 日的战斗作出如下报告:

A. 坦克

第 502 重型装甲营第 1 连的作战部署可分为以下三个阶段:

1)1 月 12 日—2 月 5 日　在拉多加湖以南的西尼亚维诺(Ssinjavino)作战。

2)2 月 12—17 日　在米谢基诺(Michkino)、车尔尼谢沃(Tchernychevo)和波尔库西(Porkusy)作战。

3)3 月 19—31 日　在红博尔(Krassnij Bor)以南作战(任务尚未完成)。

第6章 作战

	1)	2)	3)
每日可部署坦克的最大数量 （包括新配发的坦克）	6辆虎式坦克 15辆三号坦克	3辆虎式坦克 3辆三号坦克	4辆虎式坦克 3辆三号坦克
坦克战损率	55%	57%	48%
我方损失	43人 6辆虎式坦克 12辆三号坦克	6人 3辆虎式坦克 1辆三号坦克	3人 车辆无损失

备注：

1) 1943年1月12日，第1连协同1个装甲掷弹兵团发动反击。此后又就地执行了一系列反击任务，其中包括以排为单位执行的任务，以及一些在崎岖地段开展的单车作战任务。
2) 任务之一是消灭一处苏军集结场（击毁31辆苏军坦克）。
3) 主要任务是按指令消灭沿铁路来袭的苏军坦克。由于土地松软且武器受损，我们无法支援在森林中作战的步兵。先对敌军阵地进行周密侦察，再发动突袭的作战方式取得了良好成效。

▼ 第502重型装甲营的虎式坦克，属于1942年夏最早交付的一批，其前挡泥板是面积较小的型号，车体两侧未安装侧裙板

▲ 与第502重型装甲营的虎式坦克协同作战的装甲掷弹兵。在敌军向坦克发起炮击时，距坦克过近的步兵会面临极大威胁。尽管如此，步兵仍是坦克必不可少的协同力量，他们要对付随时会向坦克扑来的苏军反坦克小组

B. 突击炮

1）第226突击炮营在此期间的作战情况：

a）投入作战的突击炮数量（含后备车）：41辆。

b）击毁敌军坦克数量：210辆。

c）我方人员损失数量：95人。

我方车辆损失数量（除籍）：13辆。

2）空军第1、第10、第12突击炮连及第13空军野战师在此期间的作战情况：

a）投入作战的突击炮数量（含后备车）：20辆。

b）击毁敌军坦克数量：17辆。

c）我方人员损失数量：34人。

我方车辆损失数量（除籍）：5 辆。

3）备注：第 226 突击炮营下属各连、排采用分散部署方式。空军的突击炮在战场上观摩该营作战，以获取作战经验。空军突击炮部队缺乏技术训练且装备数量不足，因此有必要通过观摩作战的方式弥补短板。

C. 反坦克单位

陆军方面平均每日有以下数量反坦克炮可投入作战：

253 门中型反坦克炮。

383 门重型反坦克炮（牵引式和自行式）。

中型和重型反坦克炮的机动受限，影响了作战部署。就连 1943 年 2 月 10 日新配发的重型反坦克炮也缺乏配套的具备越野能力的牵引车，这导致军一级部队所需的主要支撑点无法建立，而且重型反坦克炮的数量一直未能满足实战需求。

主要支撑点只能以装备火炮牵引车的部队为核心，应将后撤的或损失情况严重的师级单位集中于此。按不同战场形势，每个主要支撑点至少需配备 50 门重型反坦克炮。

D. 总览

1943 年 1 月 12 日至 3 月 31 日间：

击毁敌坦克 697 辆。

瘫痪敌坦克 172 辆。

共计 869 辆。

各单位战绩如下：

a）第 226 突击炮营：210 辆。

空军突击炮单位：17 辆。

共计 227 辆。

b）坦克（第 502 重型装甲营第 1 连）：160 辆。

共计 387 辆。

c）88mm 口径高射炮击毁 47 辆敌坦克。

d）重型反坦克炮击毁 435 辆敌坦克。

上述报告罗列了一些有关拉多加湖（位于列宁格勒附近）一带战斗的有趣细节。我们利用其中的数据能推算出德军坦克的交换比，第 502 重型装甲营的交换比极为出色，在执行 1943 年 3 月 19 日至 3 月 31 日的第三号任务期间，4 辆虎式坦克和 3 辆三号坦克共击毁 48 辆苏军坦克，己方坦克没有损失。此前的两项任务尽管也都圆满完成，但己方有 24 辆坦克战损。该营在此期间的总交换比约为 1：7。不过，

▼▼ 第 502 重型装甲营的虎式坦克正等待维修连开展维修作业。正对镜头的这辆坦克很可能隶属营部连，它的发动机可能出了故障。可见维修人员在其车体后用帆布搭起遮雨棚

与虎式坦克并肩作战的第226突击炮营的战绩显然更漂亮,他们的41辆突击炮击毁了210辆苏军坦克,己方仅损失13辆,交换比高达令人震惊的1∶16。因此,我们也许能得出一项结论——利用实力不如虎式坦克的武器也完全能战胜在数量上占优势的苏军坦克部队。

(德国)空军野战师的表现与一同作战的陆军同僚完全不在一个水平上。他们的坦克歼击连装备的不是牵引式反坦克炮,而是突击炮。然而,这些单位的官兵都没有接受过充分的突击炮战术训练。由于突击炮的装备量太少,无法集中作战,参战的空军突击炮单位都划归国防军第226突击炮营统一指挥,跟随陆军突击炮单位观摩学习。如果有关空军突击炮单位的作战数据统计无误,那么他们与苏军的交换比就是约1∶3。突击炮并不是自行反坦克炮,不熟悉突击炮的空军野战师和其他步兵单位都在使用突击炮作战时暴露出严重问题。

牵引式和自行式反坦克炮的表现是最耐人寻味的。德军在此期间击毁或瘫痪的869辆苏军坦克中有一多半是反坦克炮的战果,不过遗憾的是,资料中并没有分别统计牵引式和自行式反坦克炮的战果,因此交换比也就无从计算了。

此时,在北方集团军群防区作战的第502重型装甲营第1连和第3连,均部署在列宁格勒附近。第2连则调往南线支援斯大林格勒附近的德军部队,与营部间拉开了超过1500km的距离,该连后转隶第503重型装甲营,成为第503重型装甲营的第3连。1943年4月14日时的第502重型装甲营的装备情况仍然很差,只有4辆虎式坦克、1辆配长身管炮的三号坦克,以及2辆配短身管炮的三号坦克能投入作战(e),另有2辆虎式坦克和1辆配长身管炮的三号坦克待修(i),没有新坦克能交付使用(z)。

1943年4月14日

(e)4辆虎式坦克、1辆三号坦克(长身管)、2辆三号坦克(短身管)

(i)2辆虎式坦克、1辆三号坦克(长身管)

1943年4月22日

(e)5辆虎式坦克、1辆三号坦克(长身管)、1辆三号坦克(短身管)

(i)1辆虎式坦克、2辆三号坦克(长身管)

1943年5月4日

(e)5辆虎式坦克、1辆三号坦克(长身管)、1辆三号坦克(短身管)

（i）1辆虎式坦克、2辆三号坦克（长身管）

1943年5月11日

（e）5辆虎式坦克、1辆三号坦克（长身管）、1辆三号坦克（短身管）

（i）2辆虎式坦克、2辆三号坦克（长身管）

1943年5月21日

（e）6辆虎式坦克、1辆三号坦克（长身管）、2辆三号坦克（短身管）

（i）2辆虎式坦克、2辆三号坦克（长身管）

1943年6月2日

（e）6辆虎式坦克、1辆三号坦克（长身管）、2辆三号坦克（短身管）

（i）1辆虎式坦克、2辆三号坦克（长身管）

（z）7辆虎式坦克

1943年6月10日

（e）6辆虎式坦克、1辆三号坦克（长身管）、2辆三号坦克（短身管）

▼ 维持虎式坦克单位战斗力的关键在于保障弹药和燃油供应稳定。1943年早春，一辆战术编号为"312"的虎式坦克在战斗间歇补充88mm口径炮弹。注意其战术编号分别喷涂于炮塔侧面和车体侧面

▲ 数名步兵正搭乘一辆所属部队不详的虎式坦克行军。东线战场的铁路路网稀疏，坦克经常要自行长途奔袭，无法借助列车机动，这导致维护频次提高，战斗出勤率下降

（i）1辆虎式坦克、1辆三号坦克（长身管）

（z）7辆虎式坦克

1943年7月1日

（e）11辆虎式坦克、1辆三号坦克（长身管）、2辆三号坦克（短身管）

（i）3辆虎式坦克、1辆三号坦克（长身管）

（z）33辆虎式坦克（含2辆指挥车）

1943年7月12日

（e）11辆虎式坦克、1辆三号坦克（长身管）、3辆三号坦克（短身管）

（i）3辆虎式坦克

（z）31辆虎式坦克（含2辆指挥车）

1943年7月7日

（e）45辆虎式坦克

1943年7月7日

3辆虎式坦克除籍

1943年8月10日

（e）13辆虎式坦克

（i）17辆虎式坦克需大修，12辆虎式坦克需小修

德军高层总是翘首企盼着来自重型装甲营的战斗报告。第502重型装甲营第2连连长朗格上尉于1943年1月29日递交了他们在顿河集团军群（Heeresgruppe Don）中作战的初步报告：

分析：

上级应下达命令，禁止任何指挥人员将虎式坦克以连级以下规模分散投入作战，三号坦克和四号坦克不得在行动中与虎式坦克脱节。虎式坦克应作"攻城锤"之用，在进攻时担当前锋，冲击敌防线的重点突破段……

装备虎式坦克的单位经常会接到需承担一定风险的任务，而这些任务本可以由普通装甲单位轻松完成。频繁调动会给坦克的发动机和悬架带来极大负担，而且没时间进行必要维护。应在不需要虎式坦克时将其撤出前线。

敌军火力：

（敌）76.2mm口径反坦克炮未击穿我连任何一辆虎式坦克，也无法对它们造成严重伤害。只有一辆虎式坦克的指挥塔前缘被炮弹直接击中，导致焊缝出现裂纹。而苏军的反坦克步枪弹能在装甲上留下深约17mm的弹孔……

交火：

只要拉开100m以上距离，虎式坦克就一定会处于优势地位，经过准确装定的88mm口径主炮几乎百发百中，其穿深和威力足以有效击毁所有目标。

我部建议的改进措施：

车长：车长指挥塔的高度必须降低一些，舱门应改为侧向转动开启形式。

装填手：同轴机枪距离主炮过近……

驾驶员：观察口易受损。

机电员：机电员位置空间过于拥挤，需为指挥坦克配备与师级指挥单位联络的中波电台。

组织架构：

下辖2个连的重型装甲营战斗力已经非常可观，有人要求扩编为3个连，但实际上并无必要，因为目前几乎无法将整个重型装甲营集中使用，过多分散开来的作战单位反而会给后勤工作带来更大压力。（扩编后的）重型装甲营机动能力会进一步下降，进而导致任务局限性进一步增大……

在北非作战的虎式坦克

德军在北非的阿拉曼战役（El Alamein）中没能阻挡住英军的攻势。为此，（德国）陆军最高统帅部作战处于1942年11月2日下令，要求将虎式坦克调往北非战场：

目前，非洲战场的态势发展迫切需要投送更先进、更具有决定性作用的武器。已要求尽快向非洲部署1个虎式坦克连（第501重型装甲营第1连），其先遣部队（6辆虎式坦克）将于11月10日启程。

1942年11月8日，盟军在非洲西北部登陆（译者注：即"火炬行动"）后，德军转而将虎式坦克部署到突尼斯。受（虎式坦克）生产周期延误影响，第501重型装甲营的组建工作此时仍未完成。他们当年9月接收了2辆虎式坦克，10月接收了8辆虎式坦克和25辆配装75mm口径KwK L/24型炮的三号坦克N型，11月又接收了10辆虎式坦克。

来自第1连的首批3辆虎式坦克由"阿斯波罗曼特"号（Aspromante）轮船运往突尼斯比塞大（Bizerte），11月23日开始卸载，其余虎式坦克都由机动驳船运送，每次只能运送一辆。11月27

◀ 将虎式坦克运至北非耗时颇久。图中的112号虎式坦克隶属第501重型装甲营，它在意大利雷焦卡拉布里亚港装船时配装了较宽的战斗履带

▼ 渡轮载货甲板上空间有限，因此虎式坦克的安置问题很是棘手。码头上停放着等待装船的第501重型装甲营的1辆三号坦克、1辆虎式坦克以及其他车辆。可见渡船上装有用于防空的20mm口径四联装高射炮

▲ 在突尼斯作战的虎式坦克总能吸引当地人好奇的目光。部署在此的虎式坦克单位战线拉得过长，限制了其战斗力的发挥。发动进攻时，能组织起来的虎式坦克总是寥寥无几

日，第4辆虎式坦克运抵比塞大，此后的运抵情况见下表：

日期	数量/辆
1942年12月1日	2
1942年12月6日	1
1942年12月13日	1
1942年12月25日	4
1943年1月8日	5
1943年1月16日	1
1943年1月24日	2

没有一辆虎式坦克在运送途中受损。但第2连的虎式坦克没能按期抵达，因为他们中途又接到命令参加了对法国南部（译者注：指维希法国控制区）的占领行动（译者注：指"安东行动"）。

第501重型装甲营的营部连装备了2辆虎式坦克指挥型和5辆三号坦克N型，其下辖的每个重型装甲连各装备9辆虎式坦克和10辆三号坦克N型。

第501重型装甲营的先遣部队在比塞大登陆后，很快编入若干个战斗群中，部署到前线阻挡正在向东逼近突尼斯的美英联军。该营营长吕德尔少校亲自指挥一个战斗群。1942年12月16日，吕德尔根据虎式坦克在突尼斯的初期作战表现提交了一份报告：

第501重型装甲营第1连的首批虎式坦克于11月21日在意大利雷焦卡拉布里亚（Reggio Calabria）装船启运。营长吕德尔少校于11月22日乘机飞往突尼斯，在其所辖部队抵达前暂时负责指挥一个战斗群。1942年12月4日，已经抵达的第501重型装甲营部分单位的指挥权交还吕德尔，这部分单位一开始由冯·诺尔德上尉（von Nolde）指挥，在他受伤后转由费尔梅伦少尉（Vermehren）指挥。

截至12月1日，共有4辆虎式坦克和4辆三号坦克运抵突尼斯。其中，3辆虎式坦克和4辆三号坦克可投入作战，另有1辆虎式坦克因发动机故障而暂时无法使用。

在执行过警戒任务后，虎式坦克转移至朱代伊德（Djedeida）以东7km处的集结场，下午13:00时得到进攻命令，随后立即向朱代伊德推进，以阻挡正在从西北方向接近的盟军装甲部队。15:00时，我方坦克首先发现盟军行踪，他们是在朱代伊德西北3km处活动的盟军步兵单位，实力孱弱。第501重型装甲营第1连遭到来自泰布勒拜（Tebourba）北方高地的重炮轰击，以及飞机的反复攻击，冯·诺尔德上尉在走向一辆虎式坦克时被炮弹炸伤。

在距朱代伊德以西5km的一处橄榄园里，正在推进的我军部队与盟军坦克发生遭遇战。园中的橄榄树生长茂密，坦克的视野和射界都受到很大限制，只能近距离打击敌坦克。在此期间，下车观察战况的迪希曼上尉（Deichmann）被步枪击中腹部（译者注：迪希曼和诺尔德后来均伤重不治而亡）。敌"李将军"坦克（即M3中型坦克）在80~100m的距离上击中一辆虎式坦克，在其侧装甲上留下很深的弹孔，只差10mm就击穿了，由此可见（虎式坦克的）装甲质量是过硬的。

我军坦克在150m距离上击毁2辆"李将军"坦克，还有一些（"李将军"坦克）被88mm口径高炮消灭，其余盟军坦克全部撤离。黄昏时，虎式坦克撤回出发点，前线由装甲掷弹兵接管。1辆虎式坦克因发动机故障滞留在橄榄园里，1辆三号坦克奉命留下保护这辆虎式坦克。

经验教训：尽管将少量虎式坦克投入战斗绝非上策，但从敌情紧急和我军实力不足这两点来看，实属迫不得已。我军在推进接敌途中还遭到敌远程炮火的轰击，且无法反向压制。

橄榄树的树冠枝叶茂盛，会阻挡坦克车长和驾驶员的视线，因此在橄榄园里作战时很难把握方向，进攻中的坦克很容易被半埋阵地中视野开阔的敌火力点击毁。尽管作战条件不理想，但虎式坦克的坚固装甲赢得了车组成员的信赖。

▶《虎式插图手册》中收录了装甲射击示意图（Panzerbeschussafeln），用于指导官兵们在面对难缠的敌坦克时，应射击其哪些部位。这幅示意图的主角是"谢尔曼"坦克，黑色部分指使用各类弹药都能轻易击穿的部位，Pz 代表普通穿甲弹，HK 代表高速硬芯穿甲弹，HL 代表破甲弹

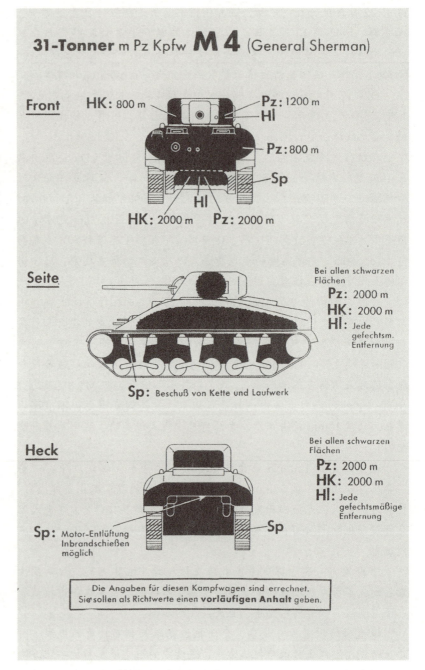

第 6 章 作 战

28-Tonner m Pz Kpfw M 3 (General Lee)

Front

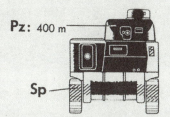

Pz: 400 m
Sp

Bei allen schwarzen Flächen
(außer Turmfront)
Pz: 2000 m
HK: 2000 m
HI: Jede gefechtsmäßige Entfernung

Seite

Sp: Beschuß von Kette und Laufwerk

Bei allen schwarzen Flächen
Pz: 2000 m
HK: 2000 m
HI: Jede gefechtsmäßige Entfernung

Heck

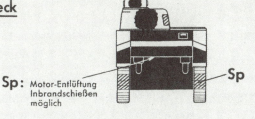

Sp: Motor-Entlüftung Inbrandschießen möglich
Sp

Bei allen schwarzen Flächen
Pz: 2000 m
HK: 2000 m
HI: Jede gefechtsmäßige Entfernung

Die Angaben für diesen Kampfwagen sind errechnet. Sie sollen als Richtwerte einen **vorläufigen Anhalt** geben.

◀ 德军将美制 M3 "李将军" 坦克归类到难缠坦克的范畴中。这型坦克的75mm 口径主炮威力较强，可发射高爆弹和穿甲弹，是盟军打击德军软硬目标的利器。然而，德军现役所有坦克的主炮都能轻易击穿"李将军"的装甲，当然也包括虎式坦克的主炮

　　1942年12月2日，第1连有1辆虎式坦克和3辆三号坦克可投入作战，此外还得到来自第190装甲营的2辆三号坦克，以及1个步兵战斗群的支援。第1连从朱代伊德向西推进，进攻泰布勒拜以东的186.4高地，盟军在那一带的橄榄园中布置了强大的防御力量。战斗中，我军摧毁敌4门反坦克炮、6辆"斯图亚特"坦克（即M3/M5轻型坦克）、2辆美制M3半履带装甲车以及若干辆卡车，己方损失3辆三号坦克，其中1辆除籍。傍晚时，我军步兵赶来接管阵地，坦克后撤至朱代伊德警戒。

　　经验教训：泰布勒拜周边除西北方向外均遍布橄榄园，作战时无法回避，因此虎式坦克需与伴随坦克紧密协调。目前，指挥设备不足的问题已相当突出，没有指挥坦克造成的影响尤其严重，这导致我军难以及时联络上级单位。

◀ 一辆虎式坦克正小心翼翼地驶上海军机动驳船（Marinefährprahm, MFP）。这是一型用于登陆作战的船只，性能可靠，用途广泛，共建造700余艘，它刚好能承载一辆虎式坦克

　　12月3日，可用的坦克包括1辆虎式坦克和2辆三号坦克。它们沿前一天开辟的路线再次向186.4高地发起进攻，遭到了高地上不明位置的敌火炮轰击，以及敌飞机袭扰。最终，（我军）共摧毁敌3处反坦克炮位、1处迫击炮炮位，以及3辆弹药运输车。

　　一辆虎式坦克的车体末级减速器部位被敌75mm口径自行反坦克炮击中，行驶困难，不得不退至出发位置，2辆三号坦克继续向前推进至196高地西南橄榄园处。进攻部队在橄榄园里组成"刺猬"阵型过夜，负隅顽抗的小股敌军导致（我军）步兵多人伤亡。第二天3:00，接到与敌脱离接触的命令，坦克运载着阵亡者尸体和伤员返回朱代伊德，返程路上又摧毁敌1门反坦克炮、1辆弹药运输车。

　　经验教训：头几天的经验再次得到印证——在植被茂密、视野受限的地区作战时，（坦克）必须与步兵紧密协同，在树林里进攻时更应如此。

12月4—5日间开展车辆维修工作，维修连尚未到达导致维修工作费时费力。

1942年12月6日，有3辆虎式坦克和4辆三号坦克可投入作战，此外有3辆虎式坦克处于维修状态。这些坦克在日出前推进至距埃尔巴坦（El Bathan）以东4km处，并在约10：30时进入埃尔巴坦。第10装甲师师长费希尔中将（Fischer）亲自下令夺取泰布勒拜西侧山口以东的几处高地，并打击可能处于山口另一侧的盟军炮兵。一路上未发现任何敌人，盟军炮兵连没有开火，无法判定其准确位置。我军各部转向南方，支援从埃尔巴坦进攻145高地的伞兵部队。虎式坦克刚一出现，盟军车队和坦克就开始逃散，连绵不断的丘陵为盟军提供了天然掩护，我军很难触及他们。在肃清145高地后，我军又试图与可能在东南方向的格哈特战斗群（Kampfgruppe Gerhardt）联络。一辆虎式坦克的诱导轮和若干负重轮被一门盟军75mm口径自行反坦克炮击中，但仍能行驶。在迈杰尔达（Medjerda）西北高地隐蔽阵地中的一些盟军中型火炮接连向虎式坦克开火，但未获任何成效。晚上，我军与伞兵部队一起在占领区执行警戒任务。

经验教训：今天，虎式坦克极大提振了士气，它在山地也能行驶自如。

虎式坦克于12月7日撤至埃尔巴坦以南1km处，第1连暂时配属第7装甲团（即格哈特战斗群）指挥。

12月8日，阴雨连绵，土地在雨水的浸泡下变得很松软，难以通行，坦克只能转移到地势稍高的位置。

12月9日，此前从比塞大出发，前往维莱海军基地（Ville，维希法国海军基地）参加缴械任务的2辆坦克（1辆虎式坦克和1辆三号坦克）归队。雨又下了一整天，20：00时收到次日发动进攻的命令。

12月10日共有7辆虎式坦克和5辆三号坦克。其中，5辆虎式坦克和4辆三号坦克可投入作战。这些坦克在马西考特（Massicault）与第7装甲团的编队会合，2辆虎式坦克编入前导连，其他坦克在战斗群大部队后组成预备队。今天的目标是迈贾兹巴卜（Medjez el Bab），连日降雨使土地变得很松软，路况较差，车辆机动受限。在福尔纳（Furna）东南8km处首次遭到盟军反击，布置在半埋阵地中的盟军坦克向我军先头坦克开火，1辆虎式坦克击毁了2辆"斯图亚特"坦克、4辆M3半履带装甲车。进攻部队继续向迈贾兹巴卜推进了6km，坦克遭到多个盟军炮兵连的轰击，暂时由进攻队形转为防御队形。在装甲掷弹兵赶上后，战斗群继续从北方沿河流两岸向迈贾兹

▲ 正准备装船运输的142号虎式坦克。由于海军机动驳船的内部空间有限，这辆虎式坦克换装了较窄的运输履带，其炮塔转向后方，航向机枪座用蒙布遮住

巴卜推进。期间，此前被驱走的盟军坦克在福尔纳以北的高地重新集结，并向我军炮兵阵地发起攻击。虎式坦克被立即调回后方，随后遭遇了20~25辆敌"斯图亚特"坦克，击毁了其中的12辆，己方没有任何损失。敌残余坦克皆被第7装甲团击毁。入夜后，我军沿公路从福尔纳继续向迈贾兹巴卜推进。

12月11日，格哈特战斗群奉命肃清占领区。有报告称仍有盟军坦克活动，因此将虎式坦克部署在向南的防御阵地上，但只发现数辆盟军装甲车，它们很快就撤离了。20:00时接到命令，让虎式坦克撤出前线，回到距朱代伊德以东7km的一处基地，等待上级安排。

经验教训：如果虎式坦克数量不多，让它们担当装甲部队的进攻前锋就是明智选择。分配到前导连的2辆虎式坦克扮演了"攻城锤"的角色，吸引了大量敌火力，使许多半埋布置的敌武器暴露目标。第1连的其余坦克分配在预备队中，用于对付自侧翼来袭的敌坦克。为使撤退中的盟军坦克长时间暴露在我军武器有效射程内，虎式坦克不宜过早开火。如果行军速度未超30km/h，则虎式坦克能与轻型坦克和中型坦克同行。目前，虎式坦克在突尼斯作战时所采取的战术都受到客观条件制约，我们今后应尝试只用虎式坦克及其护卫坦克来组建前锋编队。

▼▼ 第501重型装甲营的虎式坦克驶过一座桥梁，镜头前方是野战无线电台。尽管暴露出一些问题，但虎式坦克在北非阿特拉斯山脉丘陵地带的表现，总体上堪称出色

1942年12月16日，（德军）有7~8辆虎式坦克可投入作战。17日，吕德尔少校又提交了一份有关作战双方重武器威力和作用的报告：

I. 盟军武器

A. 盟军坦克：M3"李将军"坦克配装的75mm口径炮在150m距离上无法击穿虎式坦克的装甲。虎式坦克侧装甲有钢质裙板保护的区域，被该炮击中后仍有10mm厚的装甲未被穿透。

M3"斯图亚特"轻型坦克的37mm口径炮非常精准，它们经常会向驾驶员观察口、车长指挥塔，以及炮塔与车体间的缝隙处猛烈射击。有一次，虎式坦克的炮塔被弹片卡住，只能暂时退出战斗，因此建议在炮塔与车体间安装与二号坦克和三号坦克相似的跳弹板。

B. 敌37mm和40mm口径反坦克炮能在600~800m距离上击穿三号坦克车体正面及侧面装甲，但只能击伤虎式坦克的负重轮和履带，无法瘫痪虎式坦克。

有一次，一辆75mm口径自行反坦克炮在600~800m距离上击中虎式坦克右前车体，靠近末级减速器部位，导致其车体焊缝开裂，暂时退出战斗。

C. 盟军火炮：迄今为止，（虎式坦克）负重轮被弹片击中后的损坏程度均属轻微，炮击对虎式坦克的损伤集中在悬架组件上，悬架受损会导致负重轮、胶圈、履带板和履带销过度磨损。目前，尚未出现交错负重轮卡滞情况，没有虎式坦克因此丧失机动能力。

II. 我军武器

A. 88mm口径坦克炮十分精准。虎式坦克目前只在100~150m距离上对M3"李将军"坦克进行过射击，可轻易击穿其正面和侧面装甲。此外，（虎式坦克）可在任何距离上击穿M3/5"斯图亚特"坦克的装甲。我们呼吁为虎式坦克全面配发曳光穿甲弹，以便对每一发炮弹的飞行轨迹进行观测。（我军）曾在火炮象限仪的辅助下攻击7600m外的敌炮兵连，仅用6发炮弹就实现了有效压制。在此建议为虎式坦克连配备f型无线电通话装置（Feldfunksprecher f），以便炮火观测员引导炮兵射击。此外，应以聚像测距仪取代目前采用的倒像测距仪，后者在没有明显地标参照的情况下误差很大。

B. 75mm口径坦克炮（短身管）在使用榴弹攻击集群目标时非常有效，破甲弹的效用尚不得而知，目前只有虎式坦克曾与敌坦克交战（三号坦克尚无交战机会）。

12月和次年1月上旬的一系列小规模作战行动过后，第501重

◀ 一名装甲兵正与兜售食物的突尼斯当地人讨价还价，他们身后的虎式坦克炮管上盖着伪装网。1943年，盟军已在北非战场取得压倒性空中优势，迫使德军不得不在战斗中时刻提防空中威胁

型装甲营的营部连和第 1 连开始支援韦伯战斗群（Kampfgruppe Weber）作战。吕德尔在 1943 年 1 月 27 日的战斗报告中总结了 1 月 18—22 日的作战行动：

1 月 15 日，营部连和第 1 连共有 9 辆虎式坦克和 14 辆三号坦克配属韦伯战斗群。该战斗群的任务是从正在向东进攻意大利苏佩尔加步兵师（Division Superga）的盟军部队右翼迂回，自后方包抄盟军以扭转战局。

1943 年 1 月 18 日，由 2 辆虎式坦克和 2 辆三号坦克组成的 2 个坦克战斗分队伴随第 756 山地猎兵团（Gebirgsjaeger-Regiment 756），负责在行动初始阶段开辟马苏尔山（Djebel Masseur）以东山口的通路。编有 5 辆虎式坦克和 10 辆三号坦克的吕德尔坦克战斗群部署在蓬杜法赫（Pont du Fahs）以南的阵地上（部署在此的部队还有第 69 装甲团第 2 营、2 个高炮分队、1 个轻型高炮排以及 1 辆隶属第 49 装甲工兵营的 SdKfz9），准备在敌后方实施突破和追击作战。

5：30 时，2 个坦克战斗分队在第 756 山地猎兵团第 2 营的紧密伴随下，开始清除盟军依托山坡精心构筑的反坦克炮位、火炮阵地和防御工事。11：00 时，左翼战斗分队因在前往主路途中遭遇一处被盟军重炮火力覆盖的雷场而被迫停止前进。在得到另外 3 辆虎式坦克、3 辆三号坦克和 1 个装甲工兵排的支援后，顺利通过雷场。经过一番苦战后，约 18：00 时，我军在山口登顶。

作战期间的损失如下：1 辆虎式坦克的悬架组件被击伤，传动机

▼ 一辆隶属第 501 重型装甲营的虎式坦克，伴随其行进的是配装 75mm 口径 L/24 短身管炮的三号坦克 N 型。虎式坦克作战单位中的三号坦克主要执行侦察和补给任务，也能辅助虎式坦克对付敌反坦克武器

构受损；1辆虎式坦克的传动机构卡滞；2辆三号坦克悬架中弹，触雷受损。

约21：00时，坦克战斗分队进行了重组，并继续向前推进。尽管遭到盟军抵抗，但仍在将近午夜时抵达卡比尔山口（Kabir Pass）西南的三岔路口。

（我军）坦克击毁了多门敌重型反坦克炮，并抓获62名俘虏。同一天，装甲工兵排除了100余枚地雷。

经验教训：一般情况下，沿道路推进的坦克所承担的任务应仅限于火力压制，以及为道路两侧的步兵提供火力支援。清除雷场和突破防线任务应在与步兵紧密协同，并能与步兵营营长实时联络的情况下开展。

（虎式坦克）坚固的装甲，以及88mm口径坦克炮的精准火力，提振了我军士气，使我军在艰难的山地战中占据了优势地位。

1943年1月19日，我战斗群在通往拉巴（Rabaa）的主干道上向西南方开展了一次短时进攻，并与2个高炮分队、1个装甲掷弹兵排以及营属工兵排一同守卫道路。此后，吕德尔战斗群以2辆虎式坦克、2辆三号坦克、1个装甲工兵排和1个装甲掷弹兵连为先导，其余虎式坦克、三号坦克和装甲掷弹兵营为主力一路向南推进，相继消灭了阻挡行动的敌反坦克炮并清除了雷场。盟军没有时间对道路实施有效封锁。到下午时，盟军的抵抗变得愈发猛烈，2辆虎式坦克在一处布置有反坦克炮阵地的雷场触雷瘫痪。19：00时，部队推进至当天的目的地——比尔蒙提（Bir Montea）附近的交叉路口。（我军）共摧毁敌25门火炮（包括反坦克炮和野战炮）。盟军的100余辆各型机动车或被摧毁，或被遗弃在路上，部分被我军后续部队回收。此外，（我军）还抓获了100余名俘虏。

经验教训：打头的虎式坦克驶过雷场时没有触雷，而随后沿其车辙跟进的虎式坦克却接连触雷受损。由此可以看出，在雷场中即使沿前车车辙行驶也难保安全。不同型号地雷对坦克悬架造成的损伤程度不尽相同，但均无法炸穿车体，也不会造成车组成员伤亡。

1月20日，吕德尔战斗群仍保持前日队形，装载着装甲掷弹兵一道向乌瑟提亚（Ousseltia）附近的峡谷推进，以期在峡谷中开辟通路。我军在穿越峡谷后，与从东部赶来的意大利部队建立了联系，一辆虎式坦克在穿越干河床时受困。重整编队后，我军自十字路口以南展开攻势，当夜明月高悬，与盟军一直激战到次日凌晨3：00。盟军明智地从山脊上撤离，并留下多处有反坦克炮和压制火炮覆盖的雷场。我军抓获了多股驾车埋雷的盟军后卫队。下一步作战方案已经确

▲ 第501重型装甲营第2连的虎式坦克特征显著,它们首上装甲部位的备用履带固定方式与众不同,炮塔顶部还放置着20多个附加燃油桶

定:2辆虎式坦克在装甲工兵的伴随下带头进攻,其余坦克跟进。如果带头的坦克触雷受损,则后续坦克应迂回至其两侧再行推进,并重新组成排级规模的直线阵型,用急速射来压制敌反坦克炮和野战炮。工兵在坦克火力掩护下,于推进受阻时清除地雷,装甲掷弹兵营则在车上开火掩护侧翼。2:00时,我军抵达哈勒法山(Djebel Halfa)以西,并面向东西两向设置了封锁阵地,以防被包围的盟军实施突围,或招来更多援军。

经验教训:虎式坦克在夜战中也能发挥关键作用,因为地雷并不能给它造成严重损坏。监视雷场的盟军反坦克炮尽管占据位置优势,能率先开火,但没能击穿虎式坦克的装甲。在持续不断的夜战中,往往无法及时辨识雷场。因此,带头的虎式坦克常会因触雷而动弹不得,但有时能迅速恢复行驶能力。

结论:虎式坦克数量越多,进攻就越顺利。

1943年1月21日,吕德尔战斗群在朝西的支撑点配置了反坦克炮和高炮,在朝东的支撑点配置了装甲掷弹兵,以加固防线,能作战的坦克则部署在防线中央靠后位置。今天,(我军)在乌瑟提亚附近发现盟军的60辆坦克和数量相近的半履带装甲车正在集结,它们在宽大正面上向我军防线左侧支撑点推进，但突然在交战距离内停下，可能想藉此诱骗我军暴露目标。发现诱骗未能奏效后，盟军又分别在傍晚和晚上派出若干战斗车辆试探性推进，但悉数被我军击毁。

1月22日16:00时，盟军以25辆坦克向（我军）右侧支撑点发起进攻，后方伴随着半履带装甲车。我军将盟军部队遏止在距防线100m处。在作战条件不利的情况下，我军成功击退了盟军。夕阳下的成片尘云导致能见度非常糟糕，因此被击毁的敌车辆并不多。盟军采用了这样一种战术：前锋部队在宽大正面上推进，与主力间拉开2000m距离，故意暴露出宽大侧翼后再向我军开火。

入夜后，盟军开始向西撤退。我军利用坦克在左右两翼对敌开展了有限度的还击。此外，令坦克频繁来往于两个支撑点，再辅以反坦克炮手和高炮兵们的"虚张声势"，故意迷惑盟军，使其高估我军实力。1月23日，盟军向乌瑟提亚方向撤退，但炮击和空袭愈发频繁。在接下来的两天中，（我）战斗群不得不忍受长时间的炮击，有时会持续数小时之久。2门88mm口径高炮、3门20mm口径高炮，以及第69装甲掷弹兵团的部分重装备，均在炮击中损毁。此外，2辆三号坦克分别被击毁和击伤，1辆虎式坦克被一枚炮弹打瘫，随后在脱离战场时起火，由其他车辆拖回后方。

期间，平均每天都有3辆虎式坦克和8~10辆三号坦克可投入作战。坦克因此前在山区行驶和触雷而产生的问题愈发显著。1月22日，法军部队试图突入我战斗群后方，所幸被第69装甲掷弹兵团第2营击溃。22—23日间，盟军在向北20km处封锁了（我军）后勤补给线路，并俘虏了多名我军官兵。23日下午，第190装甲营的一个加强连突破敌封锁，成功与正向曼索夫（Mansouf）推进的意大利贝尼尼旅（Brigade Benigni）建立联系。

意大利人在吕德尔战斗群的掩护下接管了主防线。吕德尔战斗群在24—25日晚与盟军脱离接触，转移至曼索夫以东地区。1月25日，战斗群圆满完成任务，宣告解散。

现存档案表明，吕德尔战斗群在1943年1月18—25日间共击毁或缴获了25门牵引式火炮、9辆自行火炮/半履带装甲车、7辆坦克（"谢尔曼""李将军""斯图亚特"）、125辆机动车，以及2辆轮式装甲车，共抓获235名俘虏（含8名军官）。

经验教训：即使在山地作战和行军时，虎式坦克也总能表现出色，但所有虎式坦克都亟待维护和检修。不容忽视的是，9辆虎式坦

▼▼摄于1943年底，一辆第505重型装甲营的虎式坦克压垮了木桥，另一辆虎式坦克停在较坚实的地方准备实施救援。初雪过后，车组为坦克喷涂了冬季白色伪装涂层。注意车尾的大型附加空气滤清器

▲ 由于汽油供应不足，装甲训练营（Panzerersatzabteilung, PzErsAbt）经常会以液化气作为坦克的替代燃料开展训练。图中为驻帕德博恩的第500装甲训练营的虎式坦克，其动力室上部就搭载了4个液化气瓶。帕德博恩距亨舍尔工厂所在的卡塞尔市很近，因此便于获得技术支持。

克中只有1辆尚能正常作战，还有2~3辆机动受限。维护时间要根据可实施的项目来确定。牵引设备匮乏、维修连和维修分队过于分散、备件运输不畅等问题严重影响了维护工作。现在需将维修连中尚未抵达的单位及后勤分队尽快装船运往突尼斯。

在随后的战斗中，一辆虎式坦克落入盟军之手。吕德尔在1943年2月3日递交的有关1月31日—2月1日战斗的报告中详细叙述了这一事件的经过：

我营的11辆虎式坦克组成分队，配属韦伯战斗群。上级令该战斗群在克比尔湖（Lake Kebir）以南地区，向意大利苏佩尔加步兵师正面的盟军发起钳形攻势，在两个方向各布置半数虎式坦克，以缓解战局。

右翼进攻部队由第69装甲掷弹兵团第2营营长波密上尉（Pommee）指挥，其中包括由利泽中尉（Leese）指挥的一组虎式坦克（6辆），以及2个高炮战斗组和1个工兵排。通向拉巴的主干道是他们的预定推进路线。多数虎式坦克负责在装甲掷弹兵团向十字路口远端转向时提供火力掩护。

左翼进攻部队由吕德尔少校指挥，其中包括第756山地猎兵团第1营，以及由科达尔中尉指挥的一组虎式坦克（5辆）和2个高炮战斗组。他们在南侧沿山路推进（与1月19日的战斗类似），夺取了克比尔湖以南18km处的交叉路口，随后掩护山地猎兵团主力进攻。

右翼部队将虎式坦克置于编队前方，按命令出发后于6∶30到达哈姆拉（El-Hamra），来到我军位于费林安娜（Feriana）的阵地，一路上未遭遇任何敌军。7∶00时右翼部队跨越战线，随后有盟军重炮炮弹从推进路线两侧袭来。前锋排冒着愈发猛烈的炮火从431高地附近的凹槽路穿了过去，之后进入雷场。指挥前锋排的韦伯少尉亲自清除了地雷。没过多久，2辆虎式坦克的主炮下部中弹，导致其难以有效瞄准。尽管如此，前锋排仍继续向前推进，直到再次进入雷场。鉴于前锋排受地形限制无法离开公路行动，而且战斗力已遭削弱，（我军）又向前线派遣了一个由1辆虎式坦克和2辆三号坦克组成的坦克排。在该坦克排的掩护下，工兵开始清除地雷。清除完毕，前锋排继续推进。隐匿于（我军）左翼的敌反坦克炮突然近距离开火，打头的2辆虎式坦克和跟进的4辆三号坦克均被击中，且全部丧失作战能力，多辆起火。

逃出瘫痪坦克的装甲兵们在山脊上稍靠后的位置建立起阵地，以轻武器掩护下车展开攻势的装甲掷弹兵。然而，装甲掷弹兵无法带

▼ 隶属第502重型装甲营的5名虎式坦克车组成员穿着黑色装甲兵特种制服（Sonderbekleidung für die Panzertruppe），背景中的虎式坦克仍保留出厂时的暗黄色涂装，炮塔上装有6具烟幕弹发射装置，车体上装有5具烟幕弹发射装置

头进攻这处深沟环绕、地雷遍布、防御体系完善的阵地,附近的意大利炮兵也因电话线路故障而无法提供火力支援。16:00时,意大利炮兵在坦克连无线电设备的帮助下开展炮击,取得了良好效果。一些敌军巡逻队企图回收一辆瘫痪的虎式坦克,但被(我军)坦克驱离。最靠前的一辆虎式坦克刚被击中时就燃起大火,由于无法将其拖离战场,入夜后对其实施了爆破处理。我军还试图冒着敌炮火拖走另一辆虎式坦克(但未成功)。

最靠前的起火的虎式坦克尚在敌防线之内,必须予以摧毁。直到(我军)爆破前,盟军都没再尝试回收这辆仍在燃烧的坦克。那些丧失战斗力的坦克的车组成员中,有1名军官、3名士官和8名士兵失踪,他们可能在坦克被击中时就已阵亡,或随后被烧死,也可能在逃出坦克后被盟军俘虏。

师部下令,让1辆虎式坦克、2辆三号坦克和1个装甲掷弹兵连组成秘密行动组,在(我军大部)脱离接触时执行后卫任务并再次尝试回收(前锋排的)一辆虎式坦克。2月2日晚,该行动组被召回到预定集结区。他们在此期间又击毁了敌1辆自行火炮、4门反坦克炮和1辆装甲车,消灭了敌若干机枪火力点和一些巡逻队。

▼ 摄于1943年夏末,一辆隶属第505重型装甲营的虎式坦克装载在SSyms铁路平板运输车上,其车体侧面固定有防止苏军反坦克小组攀爬的带刺铁丝网,右侧有2个负重轮缺失,可能是参与库尔斯克一带的激烈战斗所致。这辆虎式坦克仍配装战斗履带,未换装运输履带,这是明令禁止的行为

回到东线

1943 年 8 月 31 日,"大德意志"装甲团第 3 营营长戈梅勒少校（Gomille）提交了一份有关虎式坦克作战情况的报告：

1943 年 8 月 14 日

营部驻扎在亚森沃耶（Jassenwoje）东南 2km 的树林中。沿公路行进的最后一批车辆于当天中午抵达营部驻地。

铁路卸载地：下希尔若瓦特卡（Nizhniy Ssrirovatka）

与营部间距离：110km

我营概况：

实力

营部连：

3 辆虎式坦克指挥型

3 辆用于侦察的装甲运输车，未搭载武器

第 10 连：

满编（1 辆虎式坦克滞留在国内）。

第 11 连：

4 辆虎式坦克及维修连大部分装备在经铁路运输途中遇袭被毁。

第 9 连：

目前没有可用于作战的虎式坦克。

缺编：

营部连、维修连、营部连全部轮式车辆。

至 1943 年 8 月 14 日夜，整备完毕的车辆如下：

3 辆虎式坦克指挥型。

第 10 连和第 11 连的 13 辆虎式坦克。

共计 16 辆虎式坦克。

10 辆坦克在从下希尔若瓦特卡赶往营部的路上出现不同程度损坏，无法行动。运输分队、维修连、回收分队全部损失以及备件全部被毁造成很大影响。在接下来的几天中，由于对装甲部队至关重要的后勤单位全部缺席，我营的行动将危机四伏……

1943 年 8 月 15 日

4：00 在亚森沃耶举行了指挥官会议，师参谋长负责指挥一个包括如下单位的战斗群：

"大德意志"装甲团虎式坦克营、第 1 营、1 个"黑豹"坦克连、1 个侦察营（摩托化）、"大德意志"炮兵团第 2 营（自行化）。

▼▼ 一辆虎式坦克正掩护步兵推进，背景中的木屋正在燃烧。在东线，交战双方都会执行坚壁清野政策，将敌人可能栖身的所有建筑物都付之一炬。

▲ 摄于1943年冬，第505重型装甲营的虎式坦克正在待命，其战术编号为101，用白色涂料喷涂在炮塔侧面。一般而言，战术编号的颜色都要比车体面漆颜色更亮眼些。苏联冬季气温起伏较大，因此坦克的行走机构上积满了雪泥

任务：经格伦德（Grund）和布迪（Budy）到别尔斯克（Belsk），歼灭突入防线的苏军部队，5∶30按如下顺序集合：

虎式坦克营打头，第1营（四号坦克）紧随其后，接着是"黑豹"坦克连，后两者负责保护虎式坦克营侧翼……

虎式坦克营沿通往格伦德的公路两侧前进，在格伦德以北1km处遭到敌反坦克炮的猛烈轰击，短暂交火后，敌反坦克炮悉数被毁。虎式坦克编队头车触雷，但只有轻微损坏……虎式坦克营其他车辆此时左转，遇到两条难以跨越的平行沟渠。第10连大部停止推进，开始进行火力掩护。第11连继续向前推进，虎式坦克在跨越沟渠时，遭到伪装得极其巧妙的敌反坦克炮和T-34自行火炮的攻击。一阵交火后，敌军悉数被歼。第10连连长冯·维勒伯伊斯上尉（von Villebois）的座车被122mm口径炮弹（来自T-34自行火炮）直接击中8次，上尉本人重伤。6发炮弹击中炮塔，其中3发留下较小的凹痕，2发导致两块手掌大的装甲碎片剥落。坦克的电击发系统在中弹后失灵……一发炮弹击穿车体，钢板严重变形，导致焊缝开裂50cm，这种程度的损伤无法在前线修复。

抵达目的地后，全营右转进入村庄，并击毁T-34自行火炮2辆。随后又向格伦德南侧边缘进发，未再遭遇激烈抵抗。

全营目前还有6辆虎式坦克可以行动，其中包括2辆指挥型（在战损的虎式坦克中，1辆为触雷受损，其余为机械故障）。

布迪北方有大量敌反坦克炮和高炮负隅顽抗，终被我军全歼，

我军无任何损失……"大德意志"炮兵团第2营在此次坦克突击行动中提供了有效的火力支援。

损失：

人员：1人死亡，7人受伤，其中1人伤势严重。

装备：6辆坦克在作战中损坏，7辆坦克出现机械故障（发动机、变速器和火炮）。

战果：

击毁敌21门反坦克炮及其他火炮、8辆坦克和自行火炮、1辆侦察车……

1943年8月18日

我师今天接到命令从阿西特拉（Achtyra）经由卡普诺夫卡（Kaplunovka）、帕赫莫夫拉（Parchomovla）向西南方进攻，与那里的党卫军阵地建立联系。

进攻前，"大德意志"装甲掷弹兵团第1营（装备半履带装甲运

▼ 摄于1944年夏，第653重型装甲歼击营接收了一辆保时捷虎式坦克指挥型，其航向机枪射击口部位装有附加装甲，全车覆有防磁涂层。注意车长指挥塔的舱盖上开有一个信号枪射击口

输车）和"大德意志"炮兵团第 2 营（装备自行火炮）编入"大德意志"装甲团（虎式坦克营、第 1 营第 2"黑豹"坦克连）。虎式坦克营将率先发起进攻，突破苏军第一道防线，进而夺取米哈伊诺夫卡（Michailovka）东北 3km 处的重要高地……

就位后的虎式坦克有 8 辆触雷，此处埋设的是苏联人缴获自我军的木盒雷（Holzkastenminen），木盒雷下还埋有 2 枚我国制 210mm 口径高爆弹，以增强爆炸威力。这些地雷埋设距离很近，触雷的坦克多数都同时诱爆了 2~3 枚地雷。一般的木盒雷只能（给坦克）造成有限损伤，而这些下面埋有高爆弹的木盒雷所造成的损伤要严重得多。5 辆虎式坦克受损较轻，其余 3 辆受损严重，无法行动。

损失：

人员：1 人受伤。

装备：8 辆虎式坦克触雷受损。

战绩：5 门反坦克炮。

整备情况：傍晚时有 4 辆坦克可用。

1943 年 8 月 19 日

仍能行动的 4 辆虎式坦克被调往团主力驻地，由阿诺德中尉（Arnold）指挥……在进攻一处强大的反坦克炮阵地时，1 辆虎式坦克被 T-34 自行火炮击中，丧失作战能力（车体上部被炮弹贯穿）。在清除此处反坦克阵地后，我部继续向帕赫莫夫拉前进……

损失：

人员：3 人死亡，1 人受伤。

装备：1 辆虎式坦克严重受损，2 辆虎式坦克主炮受损。

战绩：12 辆坦克、12 门重型反坦克炮、6 门轻型反坦克炮。

整备情况：截至傍晚时有 5 辆虎式坦克可用。

"大德意志"师的虎式坦克营此时只有少量坦克可投入作战，得到加强后形成一个小型战斗群，得以与数量占优的苏军势均力敌。甲坚炮利的虎式坦克能扮演教科书式的"攻城锤"角色。"大德意志"装甲团还装备有其他型号坦克，一些四号坦克可用于保护侧翼，而"黑豹"坦克可利用高初速、远射程的主炮支援虎式坦克冲锋。一些虎式坦克瘫痪，还有一些被苏军火炮或地雷损坏。经此恶战后，全损除籍的虎式坦克出乎意料地少，多数都能在前线完成抢修，或在回收后修复。

相比之下，苏军的损失情况可以用惨重来形容，除大量官兵战死沙场外，他们在 8 天内失去了 54 门火炮、42 辆坦克和自行火炮。

▲ 停在路边接受检修的虎式坦克，运送补给品的马车从它身旁经过。在东线作战的德军和苏军部队都非常依赖畜力运输

苏军的新型坦克

苏联从未停下开发重型坦克的步伐，KV-1坦克的改进工作一直在有条不紊地推进。1943年，"轻量化"的KV-1（即KV-1S）出现在战场上，减重带来的直观效果是机动性的提升，而火力和防护性则与既有型号保持一致。然而，这种看似理想的改进却饱受批评，在很多人看来，KV-1S虽贵为重型坦克，但性能表现并不比T-34强。于是，1944年初，苏联又推出了火力升级版KV-1——KV-85。

1944年，苏联相继将T-34/85（德国人在不清楚其确切型号前称其为T-43）和JS-2两型坦克投入战场，且装备规模越来越大。这两型坦克均配装威力可观的新型主炮（85mm和122mm口径），火力与德军现役坦克不相上下。作为德军装甲部队主力的四号坦克和三号突击炮，在对付它们时已显力不从心，而装备规模上的劣势又未必能靠战术变化来弥补。1944年夏，德军在战场上首次遭遇JS-2坦克。

德国陆军武器局（HWA）档案记载如下：

I. 苏军新型坦克 I.S.122 "约瑟夫·斯大林"

我军在东线南部击毁了一辆重型坦克，该坦克很可能是全新型号，应该是一些报告所描述的"约瑟夫·斯大林"坦克，以下证据可证明我们的推测：

a. 坦克上的铭牌有 I.S.122 字样——可解读为"约瑟夫·斯大林"（Josef Stalin），主炮口径为 122mm。

b. 早在与这型坦克交锋前，某些苏联战俘就（为我们）绘制或口头描述了这型坦克，特征与这辆被击毁的坦克基本一致。

最大装甲厚度为 250mm 的说法是不成立的，现有实车测量数据如下：

重量：50t（估算）

尺寸：

长度：6.45m（不含炮管）

宽度：3.10m

高度：2.65m

履带幅宽：0.65m

离地间距：0.40m

装甲防护：

炮盾：100mm（最厚处）

炮塔：100mm（全周）

炮塔顶部：30mm

车体正面：100mm

车体侧面：90mm

车尾：60mm

车体顶部：30mm

车体底部装甲：

前部：30mm

后部：20mm

主炮：带制退器的 122mm 口径炮

身管长度：5230mm（不含制退器）

倍径：L/43

1 挺 7.62mmDT 机枪，位于驾驶员右侧

1 挺 7.62mmDT 机枪，位于炮塔内主炮侧

1 挺 7.62mmDT 机枪，位于炮塔后部

第 6 章　作　战　　139

▲ 一辆隶属党卫军第 2 "帝国" 装甲团重型装甲连的虎式坦克，名为"Tiki"，这可能是其车长的女朋友或妻子的名字。尽管它的车体上没有明显弹痕，但炮管上已经涂了三道击杀环

观瞄装置（针对缴获的烧损车）：
驾驶员位置 3 具潜望镜
火炮右侧 1 具潜望镜
车长指挥塔 1 具潜望镜
炮塔顶部左侧 1 具旋转式潜望镜
车长指挥塔 6 个观察口
发动机
十二缸柴油机，与 152mm 口径自行火炮一样布置在车体后部
Ⅱ. 特点
炮塔与 T-34 一样布置在车体前部，俯视呈水滴形，自前向后宽度收窄。
车长指挥塔位于炮塔顶部靠后位置，向左偏置。
驾驶员观察口位于车体正面中央。
悬架与 KV-1 类似，每侧 6 个负重轮，3 个托带轮，主动轮后置，诱导轮前置。
Ⅲ. 如何对抗 JS-2 坦克
整体方法与对付 KV-85 类似，但要注意该车底盘和上层结构装甲比 KV-85 厚 30mm。
　　a. 反坦克炮与坦克炮
可参照 1944 年 3 月 1 日针对 KV-85 发布的新型坦克交战距离示

▶ 一些步兵正躲在虎式坦克后方。战斗中，虎式坦克的确能为步兵挡下些许枪弹，但其后方也很可能沦为"死亡陷阱"——只要虎式坦克出现在战场上，几乎所有敌军武器就都会向它开火。注意这辆虎式坦克车体左侧固定的细钢缆，它在安装履带时用于将履带牵引到位

意图（目前已有适用于 75mm 口径 PaK 40、KwK 40 和 StuK 40 L/48 的版本）。

75mm 口径 KwK 42、88mm 口径 KwK 36 和 88mm 口径 PaK 43 可在 1000m 距离上击穿其装甲最厚部位，其他部位在 3000m 或以上距离即可击穿（除驾驶员前部的倾斜装甲外）。实战中，配装 88mm 口径 L/71 炮的"犀牛"（即"大黄蜂"）已取得若干战果，在最远 2600m 的距离上击穿其炮塔前装甲，将其击毁。

b. 步兵重武器和火炮

利用对应型号的破甲弹实施打击（穿深不受距离影响）。反坦克炮、坦克炮和高射炮的高爆弹可击毁或击伤观瞄装置、观察口和悬架，也可使炮塔丧失转动能力。

c. 步兵武器（投掷武器和自动武器）

▼▼ 一辆第502重型装甲营的虎式坦克停在一辆苏军KV-1S重型坦克旁。KV-1S坦克是KV-1坦克的轻量化型，仍配装76.2mm口径炮。为应付虎式坦克，苏联为KV-1S坦克的后继型换装了85mm口径炮

可使观瞄装置、观察口和舱盖不能正常使用。

d. 近战

小心炮塔后部的机枪和几处射击孔。成型装药、"拳头"弹（即最早的"铁拳"火箭弹）和"战车噩梦"（RakPzb 43 火箭弹）都可消灭该型坦克，恰当地使用反坦克地雷或集束手榴弹（geballte Ladung）也可获得类似效果。

JS-2坦克出现后不久，德国人用它与各型德制坦克进行了对比测试。很快，武器局测试六处（Waffenamt Prüfwessen 6）希勒斯列本试验场（Hillersleben）就发布了JS-2和T-34/85两型苏军新型坦克与多型德制坦克的对比测试结果，并向总参谋部的装甲兵军官们递交了报告：

德国坦克和苏联 T-34/85、JS-2 坦克的对比结果

测试中用下列型号坦克的弹道数据与苏联 T-34/85、JS-2 坦克进行了比较：

四号坦克 配装 75mm 口径 KwK 40

"黑豹"坦克 配装 75mm 口径 KwK 42

虎 I 坦克 配装 88mm 口径 KwK 36

虎 I 坦克 配装 88mm 口径 KwK 43

虎 II 坦克 配装 88mm 口径 KwK 43

测试中未进行实弹射击，报告中所列穿深数据均根据附录 2《装甲厚度与倾角汇总表》计算得出。

苏联 85mm 口径（L/51）坦克炮的炮弹重约 9.2kg，初速为 792m/s。122mm 口径（L/45）坦克炮的穿甲弹重约 25.6kg，初速为 800m/s。这两型炮的穿深数据取自苏联文件，原始文件只记载了距离在 2000m 内的穿深，2000~3500m 距离上的穿深需估算。以下是 6 型坦克炮在距离为 100m、入射角为 60° 时的穿深数据：

75mm 口径 KwK 40，弹型为 75mm 口径 PzGr 39，穿深为 99mm。

75mm 口径 KwK 42，弹型为 75mm 口径 PzGr 39/42，穿深为 138mm。

88mm 口径 KwK 36，弹型为 88mm 口径 PzGr 39，穿深为 120mm。

88mm 口径 KwK 43，弹型为 88mm 口径 PzGr 39/43，穿深为 202mm。

85mm 口径 KwK (r)，弹型为 85mm 口径 PzGr (r)，穿深为 100mm。

122mm 口径 KwK (r)，弹型为 125mm 口径 PzGr (r)，穿深为 134mm。

穿深数据基于 60° 入射角计算，装甲钢板质量与德军所用标靶钢板相同，已知铸造部件强度比轧制部件低约 14%。命中概率忽略不计。经过简单计算可得如下结论：

四号坦克

远逊于 T-34/85 坦克和 JS-2 坦克。

"黑豹"坦克

正面对抗时远优于 T-34/85 坦克，侧后对抗时与 T-34/85 坦克旗鼓相当。正面对抗时优于 JS-2 坦克，侧后对抗时逊于 JS-2 坦克。

配装 KwK 36 的虎 I 坦克

优于T-34/85坦克，逊于JS-2坦克。

配装KwK 43的虎I坦克

远优于T-34/85坦克，优于JS-2坦克。

虎II坦克

远优于T-34/85坦克和JS-2坦克。

上述报告表明德国人并没有耽于幻想，毫无保留地指出了配装75mm口径炮的坦克和突击炮逊于苏军新型坦克的事实。即使是虎式坦克，在德国人看来也不够强大，因为其穿甲弹的威力不及对手。所谓"配装KwK 43的虎I坦克"，只是推演分析中的假想型号，现实中并不存在。尽管"虎II"坦克在综合性能上优于苏军新型坦克，但它重量过大、机动受限，在战术上又会处于不利地位。表面上看只有"黑豹"坦克（按德国标准属于中型坦克）全面领先，但不要忘记，JS-2坦克的重量实际上与"黑豹"相当，其主炮口径却比"黑豹"大了两个级别，火力显然更强。

1944年

在斯大林格勒战役和库尔斯克战役相继落败后，德军丧失了战场主动权。东线德军无力抵挡在数量上占据优势的苏军，在一场接一场残酷的防御战中节节败退。1944年最为血腥的一场战役——"巴

▼ 像图中这样能遮雨的"车库"在东线已经算奢侈品了。条件允许时，部队会专门搭建用于停放车辆的棚屋。图中这些隶属第501重型装甲营的虎式坦克尽管还处于一片泥泞中，但至少有车棚遮雨，尚能正常开展维护作业

▲ 摄于1944年夏，KV系列重型坦克的后继型——JS-2重型坦克（德国称IS-122），首次出现在战场上。它配装1门威力强大的122mm口径炮，采用了厚重的车首装甲，足以与虎式坦克一决高下。图中这辆JS-2坦克被第506重型装甲营的虎式坦克击毁，德军在其炮塔上涂写了一句话："送往国防军最高统帅部"（bestimmt für OKW）

格拉季昂"行动（Bagration），导致（德军）中央集团军群全面崩溃，虎式坦克的优势正在逐渐消弭。与此同时，苏军的战术日趋完善，人员和装备都能得到源源不断的补充。1943 年年中，苏联人终于拥有了能击败德军重型坦克的武器。

尽管如此，德军尚能取得一些局部战役的胜利。纳粹的宣传机构依然在不遗余力地鼓噪着，而早已厌倦战争的德国人私下篡改了宣传口号——"我们向着死亡高歌猛进"（Wir siegen uns zu Tode）。德军装甲部队在几场战斗中展现出应有的实力，但已无力回天。

意大利南部前线，以及诺曼底登陆后的法国战场又是另一番景象。盟军除在人员和物资方面占据极大规模优势外，还将德军在 1940 年时使用过的"闪电战"战术进一步发扬光大。

虎式坦克在东线充分展现了自己的价值——毫无规模优势的东线德军只能仰仗更合理的战术和更优秀的武器，他们有时能爆发出令人难以置信的斗志（或者说是绝境催生的勇气）。

德军在东线基于虎式坦克采取的小规模作战方式卓有成效，但照搬到西线就很难行得通，因为盟军不仅在战术方面不逊于德军，还掌握着制空权。

一名苏军战俘在接受第 98 装甲侦察连（98.PzAufklKp）的军官们审讯时陈述道：

我们连配发了 10 辆崭新的 T-34 坦克，都配有 9RM 无线电台（改进型），能在 160~225MHz 波段工作。

1 月 25 日，3 辆坦克被派往索索夫卡（Sosovka）执行侦察任务（结果悉数被击毁），据逃回来的车组成员讲，这些坦克全被虎式坦克干掉了。

1 月 27 日夜，余下的 7 辆 T-34 坦克在一个番号不详的坦克单位（共有 20 辆坦克）的伴随下向西侦察。黑暗中，这些坦克彼此间失去了联系。天亮时，有 5 辆坦克聚集在索博火车站（Ssob）西北方的树林中。将近中午时，来了 1 辆虎式坦克，将这些坦克全部击毁……

这样的事件显然会进一步加深敌人对虎式坦克的畏惧心理。

1944 年，第 502 重型装甲营仍由第 18 集团军指挥部调遣。以下是该营营长施万纳少校（Schwaner）在 1944 年 8 月 19 日提交的战斗报告：

隶属关系：

◀ 这辆 JS-2 坦克车首的铸造装甲被虎式坦克的 88mm 口径 KwK 36 炮击中多次，但炮弹都被弹开了，只留下一些弹痕，似乎没有一发成功击穿，颇感震惊的德军装甲兵们特意将弹痕用白色涂料标记出来。其首下部位被虎式坦克在 1200m 距离上击中，而首上部位的击中距离为 1000m

▶ 这是一幅指导虎式坦克车组用88mm口径KwK 36炮对抗装甲升级型KV-1坦克的示意图。KV-1装甲升级型于1942年初问世，图中分别标出了高速硬芯穿甲弹（HK）和普通穿甲弹（Pz）的有效毁伤距离，但前者的供应情况一直非常紧张，实战使用并不多。在更强大的KV-85和JS-2坦克问世后，德军没再针对它们绘制新版示意图

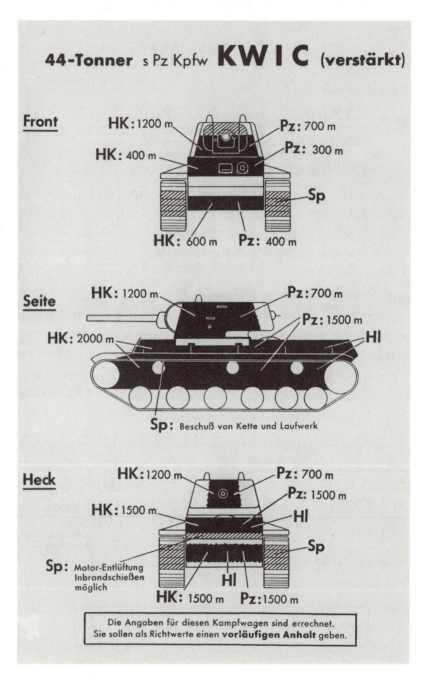

从1944年6月23日起，营部连、第2连、第3连配属第38军，第1连配属第50军。

战场形势：

1944年6月22—23日，苏军60~80个炮兵连（约300门火炮）

发起炮击，随后突入我主防线纵深2km。

警报与任务分配：

6月23日20:00，第502重型装甲营第3连在鲁宾亚蒂（Rubinjati）驻地接到警报。随后，营部连与第2连一起奔赴佩勒代（Pyldai），在那里发动反攻以收回主防线。上述连队夜间沿道路行进30km，无任何损失。可作战的坦克包括营部连第1排的1辆指挥型虎式坦克、第2连的10辆虎式坦克（共编制11辆），以及第3连的11辆虎式坦克（共编制14辆）。

从抵达集结阵地的坦克数量可以看出，我营的坦克出勤率超过85%。6月24日7:30，我营向苏耶沃高地（Sujevo）发动反击，第2连成功突入苏军阵地，但迫丁伴随步兵被敌重炮遏制而止步不前。右翼第121工兵营抓住时机，在第3连的支援下成功突入苏军防线纵深。11:00时，第3连抵达伏希特切诺（Voschtschinino），第2连和第94掷弹兵团得以继续进攻。苏军（3个步兵团和1个坦克旅的部分单位）在我军钳形攻势下显得猝不及防。12:00时，第2连和第3连抵达苏军堑壕体系，此处苏军负隅顽抗。虎式坦克无法跨越壕沟，于是接连摧毁了射程范围内的苏军防御工事、机枪阵地和迫击炮位，以及一些埋伏在苏耶沃村子里的坦克。只有少量苏军官兵被迫撤出阵地，大部分仍在坚守还击，导致伴随坦克作战的我军步兵损失惨重。夏季白天气温较高，到傍晚时步兵已相当疲惫，无力继续伴随坦克行动。于是，虎式坦克又折回后方鼓舞步兵士气，并召集了多个步兵排重返前线。随后，虎式坦克在苏军阵地前击退了三波发起反攻的苏军，击毁7辆苏军坦克，消灭数百名苏军步兵。见此形势，苏军炮兵选择置友军于不顾，开始炮击这一区域，导致2辆虎式坦克受损，其中一辆被遗弃在阵地上。由于我军步兵无法肃清苏耶沃一带掘壕据守的苏军，2个虎式坦克连只得在约22:00时撤回。

尽管这次反攻没能推进至预定位置，但虎式坦克击毁了大量苏军坦克和火炮。第502重型装甲营在当天的战斗报告中列出了战果和损失情况：

战果与损失：

苏军损失：20辆坦克（T-34坦克和KV-1坦克）和5门反坦克炮被击毁，2个步兵营被全歼。

我军损失：2辆虎式坦克受损，其中1辆滞留在前线。

我军人员伤亡情况：无。

▲ 党卫军第103重型装甲营（党卫军第503重型装甲营的前身）的一名军官正检查一辆虎式坦克的机电员战位。这辆虎式坦克的车体覆有德军在1943年年中至1944年年中广泛使用的防磁涂层

在接下来的反击战中，德军开始进展顺利，突破了苏军防线，但后因地形条件恶劣而止步不前。连天阴雨使弹坑和残余的苏军战壕中积满了雨水，形成了深浅不一的泥坑，相关战斗报告如下：

……虎式坦克只能缓慢前进，车长们必须互相照应。在发动进攻的两天前，曾有一次大规模弹幕射击……没能彻底消灭苏军炮兵。苏军反坦克炮和152mm口径自行火炮的集火射击使一些虎式坦克受损，我连冯·席勒上尉（von Schiller）报告称有2辆虎式坦克中弹瘫痪，卡尔尤斯少尉（Carius）也报称有损失……

德军无法完全占领旧防线上的苏耶诺夫村（Suijenov）。正在指挥进攻苏耶沃的卡尔尤斯和冯·席勒只得让虎式坦克停下，转而支援步兵夺回原战壕，相关战斗报告如下：

虎式坦克顶着猛烈的苏军炮火，卡尔尤斯率领的一组虎式坦克中有1辆被苏军火炮击毁。在1500m的距离上消灭了2辆自行火炮

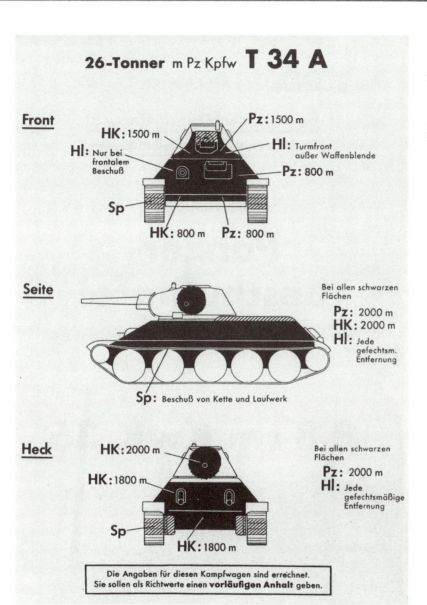

◀《虎式插图手册》中附有针对多型坦克绘制的装甲射击示意图。T-34系列坦克的防护性始终没能达到KV系列和JS系列坦克的水平

后，冯·席勒指挥的一组虎式坦克中也有2辆瘫痪。为避免在冲顶高地时再出现损失，所有坦克都撤至反斜面，以躲避苏军反坦克炮和反攻部队的袭击……高地东侧的阵地只能靠步兵在火炮支援下夺取。13:00时，步兵发动进攻夺回了旧防线，但损失极其惨重。

15:00时，苏军利用7辆坦克（KV-1坦克和美制"谢尔曼"坦克）在400名步兵的协同下发起反攻。列昂哈德上尉（Leonhard）的虎式坦克击毁了2辆KV-1坦克，而苏军步兵却将高地正面的我军工兵驱离……直到夜幕降临后，双方才偃旗息鼓……在主防线一带共有9辆虎式坦克被敌军炮兵和反坦克炮打瘫。（我军耗时）一整夜，利用所有幸存坦克对战线上的瘫痪坦克实施回收作业，截至6月27日清晨共拖回5辆。

战果与损失：

苏军损失：2辆152mm口径自行火炮被击毁，2辆KV-1坦克被击毁，4门122mm口径炮被击毁，一些中型反坦克炮和自行火炮或被击毁，或遭压毁，500名官兵阵亡。

我军损失：7辆虎式坦克丧失行动能力，其中5辆被回收。

我军人员伤亡情况：9人。

接下来的两天，德军继续反击，最终夺回苏耶沃并收复主防线，第502重型装甲营的战斗报告总结如下：

……我营营部和2个连，在1个步兵团和1个工兵营的支持下发动了一次反击，成功遏止了敌军攻势，并收复了主防线……敌我双

▼ 隶属第507重型装甲营回收分队的SdKfz 9牵引车正用刚性牵引杆拖曳233号虎式坦克。这辆虎式坦克的指挥塔上架起了高射机枪，其首上装甲部位喷涂有营徽，图案是正在锻造宝剑的铁匠

▲ 摄于 1943 年初的东线，一辆第 502 重型装甲营的虎式坦克驶过一片泥沼，留下深深的车辙，其侧裙板和附加空气滤清器全部遗失

方的步兵、坦克和火炮都损失惨重。在争夺一处筑有防御工事的高地时，苏军还一度占据上风……

这次反击的胜利全仰仗虎式坦克的支援。苏军火炮和自行火炮的直射导致一些虎式坦克战损。6 月 24—26 日的战斗条件尤其不利，敌军能从北方监视整片战场。这实际上是完全能避免的——如果在北方再组织一次进攻，就能消除这一威胁，但我军没有足够的步兵和火炮。

战斗结束时，第 502 重型装甲营判定有 3 辆虎式坦克全损除籍，其中 2 辆被德军自行摧毁，另有 6 辆虎式坦克被成功回收并修复。除坦克外，还有 2 辆半履带装甲车受损，它们均被回收并修复。

1944 年 9 月的《装甲部队公报》记载了一个番号不详的虎式坦克连的战斗经历：

▼▼第 502 重型装甲营的虎式坦克正协同步兵推进，为确保安全，车长们都关闭了指挥塔舱门

▲ 匈牙利装甲兵正学习如何操作四号坦克、三号突击炮和虎式坦克。为增强匈牙利皇家陆军的实力，德国向其提供了一些重型武器和配套弹药。图中这辆虎式坦克来自第503重型装甲营，该营后将10辆虎式坦克移交给匈牙利皇家陆军

▶ 第505重型装甲营的SdKfz 9牵引车正将一辆丧失行动能力的虎式坦克拖上SSyms铁路平板运输车。将坦克牵引到位后，牵引车会直接从平板车的一侧驶离

……虎式坦克连接到肃清敌人的命令,这些敌人此前从林地渗透过来并不断发起进攻。12:15时,虎式坦克连在1个步兵营的伴随下开始反击。在茂密的森林中,视距只有50m,狭窄的道路迫使坦克排成一列。发现虎式坦克来袭后,苏军步兵全部逃离阵地,而匆匆就位的苏军反坦克炮很快被悉数摧毁,许多都被直接击中,有些被坦克压扁,还有不少被完整缴获。

前锋排深入森林2km后,排长发现一些树木倒在地上,一个硕大的炮口制退器("斯大林"坦克)正指着他。他马上下令:"上穿甲弹!直接瞄准!开火!"此时,2枚45mm口径炮弹突然正中排长座车,击毁了观瞄装置。随后,排里另一辆虎式坦克行至排长座车附近。尽管视野很差,排长座车仍在3500m距离上开了火,迫使"斯大林"坦克退至一处小山丘下。接着,一旁的虎式坦克取代了排长座车的头车位置,又冲着"斯大林"坦克连开三炮。第三声轰鸣过后,这辆虎式坦克就被一枚122mm口径穿甲弹击中车体正面。这枚穿甲弹的入射角可能不理想,没能击穿这辆虎式坦克。之后,"斯大林"坦克的炮管就被虎式坦克击穿,无法继续作战,但又一辆"斯大林"

▼ 摄于1944年春,一辆第505重型装甲营的虎式坦克。第505重型装甲营自那时开始采用新战术标识,战术编号喷涂于炮管套筒两侧,炮塔两侧各喷涂一个"冲锋的骑士"营徽。该营的虎式坦克此时仍普遍在车体侧面携带长方木或原木。这辆虎式坦克的观瞄孔处堵了一块布,以防止炮瞄镜物镜结霜

▲ 在一辆坦克的驾驶员观察口处拍摄的第505重型装甲营的虎式坦克，其车体侧面携带着用于牵引履带的细钢缆，第一组负重轮的外层轮盘未安装

坦克冒了出来，它企图掩护第一辆"斯大林"坦克撤退。经过一阵短暂互射后，一辆虎式坦克击中了第二辆"斯大林"坦克的炮塔下部，炮弹穿透装甲，导致"斯大林"坦克起火。相较虎式坦克，"斯大林"坦克的射速显然太低了。

该连连长还分享了一些从这场战斗中获得的经验：

1. 在虎式坦克向前推进时，"斯大林"坦克试图通过转向避免对射。

2. 多数情况下，"斯大林"坦克只会在距离较远（2000m以上）或占据有利位置（林地边缘、聚居地和山脊）的情况下，才选择与我军坦克对射。

3. 敌车组一般在坦克被击中一次后就会弃车而逃。

4. 为防止"斯大林"坦克被我军缴获，苏军通常会不惜一切代价回收或爆破瘫痪的"斯大林"坦克。

5. 即使是无法击穿"斯大林"坦克正面装甲的武器，也有机会将其消灭（另一个虎式坦克营报告只有在500m以内距离才能击穿"斯大林"坦克的正面装甲）。

6. 应从"斯大林"坦克侧后方发起攻击，为保证毁伤效果，应进行集火射击。

7. 只有在虎式坦克的数量达到一个排的规模时，才可选择与"斯大林"坦克对射，单车对决风险较高。

8. 首发命中后，再发射高爆弹能有效影响敌车组视线。

装甲兵总监（Generalinspekteur der Panzertruppen）对此进行了回应，摘要如下：

第4条：各位车组成员务必注意，不能让任何一辆丧失行动能力的虎式坦克落入敌手！

第5条及第6条：在东线遭遇122mm口径坦克炮和57mm口径反坦克炮、在西南前线（即意大利）和西线遭遇92mm口径反坦克炮

▼ 对参加第二次世界大战的官兵们而言，照相显然是一件值得认真对待的事。在这些官兵中，只有坐在中间的一位身穿双面防寒服（一面是迷彩图案，另一面是冬季白色伪装图案），其他人仍穿着黑色制服。从这两种服装颜色的强烈对比效果就能看出，双面防寒服的伪装效果有多好

▲▲ 苏联北部地区遍布小河和沼泽，这给携带重型装备行进的部队造成了极大困难。对虎式坦克这种大家伙而言，行进路线必须提前规划，因为只要陷在泥沼里就会沦为绝佳的靶子，而拖救工作也要耗费大量人力物力

或高炮（译者注：指美制90mm口径高炮）时，切不可一味依赖虎式坦克的装甲，必须像其他型号坦克的车组一样严守基本战术准则。

第7条：这一结论是正确的，但当3辆虎式坦克遭遇5辆"斯大林"坦克时，没必要因数量劣势而整排撤退。坦克间的对决通常如电光石火一般，更好的战术往往能产生决定性作用。

第8条：这一条需要留意的是，并不只有虎式坦克才能从侧后方击毁"斯大林"坦克，四号坦克和突击炮也有此能力。

这份报告提供了一些有价值的信息：即使到1944年时，德军装甲部队仍在战术上具有较大优势。如果只从坦克间的作战模式来看，则苏军的战术要远落后于德军。不过，德军装甲兵总监认为，仅靠"侧后方攻击"这一作战方式，性能较差的坦克（例如四号坦克和突击炮）也能在遭遇"斯大林"坦克时放手一搏，这显然是颇为讽刺的。

1944年7月22日，当时装备虎式坦克的第502重型装甲营第一次遭遇大量JS-2坦克，施万纳少校在1944年8月19日的报告中记录道：

11∶00时，鲍特尔少尉（Bölter）开始向雷库米（Leikumi）进攻，在城镇东南500m处遭到苏军猛烈反击。他们在此部署了8辆坦克和一些反坦克炮，以保护南部侧翼。6辆T-43，一些反坦克炮及其

▼ 为避免被敌人的炮火观察员发现，一辆虎式坦克隐蔽在低矮的山岭之下。在树木稀疏、地势平坦的苏联大草原上，毫无遮挡的德军坦克是很容易遭到苏军飞机袭击的

▲ 第653重型装甲歼击营的003号保时捷虎式指挥坦克，其炮塔正朝向后方。注意车体上的两根天线，作为指挥坦克，它搭载了大功率无线电台

牵引卡车被摧毁。继续推进途中，2辆虎式坦克被苏军火炮击中，丧失行动能力。

13：00时，第2连突然发现20辆苏军中型和重型坦克（T-43坦克和JS-2坦克）。担当前锋的卡尔尤斯少尉带领3辆虎式坦克立即上前迎击。这3辆虎式坦克在近距离或极近距离上击毁17辆敌坦克，卡尔尤斯少尉的座车击毁其中10辆，只有3辆敌坦克向东逃脱……

战果：23辆坦克（17辆T-43坦克和6辆"斯大林"坦克），6门重型反坦克炮。

我军损失：2辆坦克被反坦克炮或坦克炮击中瘫痪。

我军人员损失：无。

报告中还写道：

7月23日，摧毁2辆T-43坦克和3门反坦克炮，我方没有损失。7月24日，摧毁17辆坦克，卡尔尤斯少尉与另一人身负重伤。7月25日，摧毁18辆坦克、5门反坦克炮，我方没有损失。7月26日，摧毁12辆T-43坦克、1辆JS-2坦克、19门反坦克炮及34辆卡车，

我方损失2辆虎式坦克，3人阵亡。

7月10—26日间，第502重型装甲营共击毁苏军坦克84辆、自行火炮1辆、反坦克炮71门、野战炮2门，消灭苏军官兵1250名。自身损失情况：虎式坦克全损3辆、丧失机动能力10辆（均被拖回并由维修连修复），3人阵亡，28人负伤。

在此期间的弹药消耗情况：88mm口径PzGrPatr 39穿甲弹555枚、SprGrPatr高爆弹876枚、7.92mm口径机枪弹36000枚。

维修连在16天内抢修虎式坦克49辆次，使它们重返战场。全

▲ 第503重型装甲营的334号虎式坦克停放在苏联村庄的农舍间。这些农舍既能给坦克提供有效掩护，也能供车组成员们居住

营每天能投入作战的虎式坦克最多为28辆，最少为7辆（7月12日）。7月26日，全营只有12辆虎式坦克处于可用状态。该营虎式坦克的初始列装量为32辆，额定编制量为45辆。

在匈牙利作战的第503重型装甲营

1944年10月，换装"虎王"坦克的第503重型装甲营部署到匈牙利。在一次旨在夺取布达佩斯城堡山的行动中"秀过肌肉"后，该营又被调往蒂萨河（Theiss）以东的德布勒森（Debrecen）执行任务，

▲ 一辆停在野外的虎式坦克，树木稀疏的山脊能为它提供一定掩护。在这样的山脊上部署一些步兵是十分必要的，他们能在高点警戒，观察敌军动向

那里的局势正日益恶化。该营的装甲车辆本应全部经铁路运往索尔诺克（Szolnok），但由于承载"虎王"坦克的SSyms铁路平板运输车数量不足，只能利用重型平板拖车将部分"虎王"坦克经公路运往目的地。第一批经铁路抵达的"虎王"坦克一下车就迅速奔赴集结地，组成战斗群。次日抵达的"虎王"坦克编入另一个战斗群。该营营长是这样讲述这段经历的：

……我营参加战斗时分别配属2个战斗群。这2个战斗群分别由来自不同单位的指挥官指挥。我们的任务是发动进攻，并向苏军后方渗透。2个战斗群的作战行动都非常成功。从1944年10月19日战斗打响，到10月23日各单位归建，共计摧毁敌120门反坦克炮和19门榴弹炮。一支作风顽强的苏军部队（苏军惩戒营）在我军轮番进攻下陷入混乱，一些运输车队和一列后勤车队被我军击溃，苏军后方梯队因此分崩离析。我部没有坦克在推进过程中（行军里程共计

◀ 一名国防军军官从虎式坦克的指挥塔舱口探出身来。该舱口的舱盖向外开启，关闭时可用内侧的三组闭锁装置锁紧

◀ 摄于1944年7月的法国，一辆隶属党卫军第102重型装甲营的后期型虎式坦克正从森林中穿过，后方伴随一辆SdKfz 9牵引车，车组在坦克首上装甲部位固定了备用履带，以加强防护性

▲ 摄于1944年夏，第653重型装甲歼击营的003号保时捷虎式指挥坦克。该车在当年7月的战斗中损毁

250km）出现严重故障。在这一系列战斗中，"虎王"坦克的防护性、火力和机械可靠性都表现过硬。有的"虎王"坦克被击中20余次后仍能正常行驶。

……10月31日，第503重型装甲营挺进凯奇凯梅特州（Kecskemet），驱逐正向布达佩斯进发的苏军先头部队。那里的半沼泽地很不适合坦克通行，坦克的驱动轮、履带、诱导轮和发动机冷却系统经常突发故障。我营已向上级申请配发备件，但尚未送达。对于那些陷在泥里的坦克，由于没有牵引机具，要么选择炸掉，要么选择用其他坦克拖救，但施救的坦克常会因此发生机械故障。所幸我营组织有序，并及时利用铁路进行调度，才没有损失更多坦克。

尚能行动的一些坦克相继编入各师级单位支援作战，但他们执行的往往是一些不可能完成的任务……我营自11月18日开始在珍珠市（Gyöngyös）一带作战，持续的恶劣天气使部队无法脱离公路行动。此地的装甲掷弹兵和步兵单位实力孱弱，"虎王"坦克，甚至防空坦克都只得在没有步兵支援的情况下驶上前线。我们不断接到夜袭城镇的命令，但无法事先侦察，也得不到步兵的有力支持……这样的战斗只有在伴随坦克的步兵摧毁了隐蔽中的敌反坦克炮后，才可能获

▶ 一辆隶属第503重型装甲营的"虎王"坦克

▲ 摄于1943年冬，第505重型装甲营的虎式坦克都喷涂了冬季白色伪装涂层，有几名车组成员将双面防寒服带迷彩图案的一面穿在了外面

得胜利，坦克炮是无法摧毁这些反坦克炮的。令人难过的是，一旦敌人开始还击，那些（伴随坦克的）步兵就会撇下坦克四散奔逃，使坦克沦为苏军反坦克炮组的活靶子。

苏军通常会将若干个重型反坦克炮连集中布置在前线地带。所幸只有2辆"虎王"坦克曾被美制92mm口径锥膛反坦克炮（以及苏制100mm和57mm口径反坦克炮）击中。在600m以内的距离，连"虎王"坦克的防盾都可能被它们击穿，而如果击中炮塔后部，就很可能引发殉爆，导致坦克彻底报销。

实战中，88mm口径KwK 43坦克炮有能力在1500m以内距离上击毁包括JS-2在内的所有苏军坦克。条件理想时，它能在3000m之外干掉T-34坦克和T-43坦克。我们在东线经常看到苏军坦克设法避免与"虎王"坦克直接交火。有时，（我们）在击毁一辆（苏军）坦克后，剩下的（苏军坦克）就会悉数转身逃跑。

总体而言，我们可以说"虎王"坦克在各个方面都是出类拔萃

◀ 西线的德军部队很容易被盟军空中力量一网打尽，因此在林地或建筑物密集区守株待兔才是明智的做法

的。它是一种令人畏惧的、威力强大的武器。装备这种坦克的部队，只要同时投入多辆作战，同时采取合理的战术，就很可能在战场上大获全胜。可很多高官都对重型装甲营在技战术上的要求充耳不闻。

从上述报告可以看出，在匈牙利作战的第503重型装甲营并没有遵循战术准则集中使用"虎王"坦克。薄弱的德军防线上驻守着实力参差不齐的部队，装甲师和步兵师的残部被迫揉合成一个个战斗群。重型装甲营通常会被分拆为排级规模分头作战，有时即使只剩一辆坦克也会冲上前线。按德军的基本战术要求，战斗群可用于反冲击。尽管战斗群的应用相对成功，但德军的整体实力已经一落千丈，没有足够的人手控制反攻中夺回的土地。

从一些虎式坦克单位和德军步兵指挥官留下的战斗报告可以看出，很多战斗群的指挥官都抱有不切实际的期望。第503重型装甲营的这份看上去有些戏剧性的报告揭示了战争末期的真相——东线的德军装甲部队规模已经严重萎缩，无法守卫漫长的防线，步兵和其他支援单位日夜企盼的援军往往都只停留在纸面上。尽管在反攻中取得了

▼ 两辆采用白色涂装的后期型虎式坦克经过伪装，正守候在林地边缘伺机出动。画面前方战术编号为"1"的这辆坦克周身涂覆有防磁涂层。

第6章 作 战　175

▲ 摄于1944年7月底的迈利莱康（Mailly-le-Camp），第503重型装甲营第3连在原法国军营接收"虎王"坦克。该营在盟军实施诺曼底登陆后蒙受了惨重损失

不俗的战绩，但包括重型装甲营在内的德军部队已经没有能力守住夺回的阵地，撤退成了家常便饭。

第503重型装甲营的鲁贝尔在晋衔少尉后曾担任一辆"虎王"坦克的车长，他在一份战斗报告中强调了德军当时面临的情况。第二次世界大战结束后，奥地利军事学院（Austrian military academy）的师生对第503重型装甲营的战斗经历进行了研究：

……1945年4月21日清晨，一支由20辆坦克组成的苏军坦克编队在阿尔特鲁博尔斯道夫（Altruppersdorf）以西突破了德军防线，捣毁第13装甲师师部（该师曾在布达佩斯被苏军全歼，重建时命名为"统帅堂"第2装甲师）后继续向西挺进。在阿尔特鲁博尔斯道夫待命的第503重型装甲营营长迪耶斯特-科博尔上尉（Diest-Körber）收到警报，此时全营只有5辆"虎王"坦克尚可作战，他们尾随苏军进攻部队行进，随后有一些藏在村子里的"胡蜂"自行火炮加入了他们的队伍。晚些时候，又有3辆经维修连修复完毕的"虎王"坦克归

▼▼ 摄于1943年"城堡行动"期间，隶属党卫军第2"帝国"装甲团的虎式坦克，其首上装甲部位喷涂有库尔斯克战役期间的伪装师徽，炮塔两侧绘有魔鬼图案

▲ "巴格拉季昂"行动后重建的第505重型装甲营全额换装了"虎王"坦克,这张照片可能摄于奥尔德鲁夫(Ohrdruf)训练营地

队。鲁贝尔少尉奉命侦察苏军坦克位置。在锁定苏军坦克位置后,迪耶斯特-科博尔上尉要求大家组成楔形阵准备进攻。他们在米特霍夫农场(Mitterhof)占据阵地,很快就有炮弹从附近的森林中袭来。经过激烈战斗,第503重型装甲营的"虎王"坦克击毁了10辆苏军坦克(JS-2坦克和T-34/85坦克),在追击中又击毁8辆,自身无损失。有数辆苏军坦克在试图穿越东边一道狭窄的德军战线时被反坦克炮击毁。

在奥地利军事学院的师生看来,这些参与突破任务的苏军坦克并不属于主攻部队,苏军指挥官认为在这里有机可乘,因此将它们派了过来。此役,苏军损失了大量坦克,这说明苏军指挥官既低估了德军的实力,也低估了德军的战斗意志。

西线的盟军显然更游刃有余,那里的德军日子更不好过。德军在哪里发动坦克突袭,哪里就会有盟军的炮兵弹幕和"遮天蔽日"的攻击机机群。

◀ "虎王"坦克的指挥塔形制与后期型虎式坦克相同,指挥塔前部装有一个金属质简易瞄准具,车长利用它辅助炮长确定目标位置

▶ 一名德军掷弹兵正与一名匈牙利士兵在"虎王"坦克旁交谈。这辆坦克周身涂覆防磁涂层，德军掷弹兵背着一个用于携带备用机枪管的容器。

遗憾的是，留存至今的与"虎王"坦克相关的战斗报告已寥寥无几。战争结束后，有人曾将"虎王"坦克最后的战斗报告抄录下来。党卫军四级突击队小队长迪尔斯（Diers）是党卫军第503重型装甲营314号"虎王"坦克的车长，他的战斗报告记录了柏林城内和周边的作战情况：

1945年4月19日：

我们转移到泽劳高地（Seelow）附近的别劳（Bülow）集结。我的座车炮塔被JS-2坦克击中一次，指挥塔受损。我的座车使用备用击发装置，在19分钟内带伤击毁13辆敌坦克。

1945年4月20日：

我们转移至慕钦堡（Müncheberg）对坦克进行维修，在那里修复了炮塔。进行焊接作业时发生了火灾，我们用四氯化碳灭火器扑灭了明火，但武器和观瞄装置烧损。

1945年4月21日：

晚上，苏军突破阵地，警报响起。我们将另一辆受损的坦克拖到了柏林的滕珀尔霍夫（Tempelhof），在那里的克虏伯与德于克莫勒钢铁公司（Krupp und Druckemöller steel company）进行维修。

1945年4月23日：

（我们）在西门斯塔德（Siemensstadt）和马林菲尔德（Marienfelde）两地作战。

1945年4月24日：

（我们）一大早就越过泰尔托（Teltow）运河奔赴新科尔恩（Neukölln）和科普尼克（Köpenick），在桥上击毁了1辆JS-2坦克。

1945年4月25日：

争夺柏林动物园（Tiergarten）的战斗开始了。苏军沿山岭街（Bergstrasse）和柏林人大街（Berlinerstrasse）向北推进。我们赶到波茨坦广场（Potsdamer Platz）的指挥部，但指挥部已经转移了。我的座车和四级突击队小队长图尔克（Turk）的100号车支援了波茨坦广场的作战行动……还有2辆"虎王"坦克在瀚蓝湖火车站（Bahnhof Halensee）战斗。

1945年4月26日：

从祖国大宅（译者注：Haus Vaterland，位于波茨坦广场的一座商业综合楼，20世纪70年代拆除）后面驶出的1辆JS-2坦克和一些T-34坦克都被干掉，JS-2坦克的车体和炮管太长，像路障一样阻塞了道路……

1945年4月30日：

▼▼ 战斗间歇，隐蔽在林地中的第503重型装甲营"虎王"坦克。到1944年，盟军已经夺取了法国战场的制空权，德军在白天调动部队要面临极大风险。如果沿公路大摇大摆进攻，就很容易被攻击机挫败，因此德军装甲部队只能在隐蔽的阵地中开展防御战。

我们下午接到命令,移防国会大厦(Reichstag),该建筑在轰炸中严重受损,穹顶已烧毁。我们在克罗尔歌剧院(Kroll Opera House)附近发现了30辆T-34坦克。稍作商议后,我们自国会大厦后冲出,向敌军开火,取得了不俗的战果,一大堆苏军坦克陷入火海……

1945年5月1日:

我营尚有5辆"虎王"坦克可继续战斗。在瀚蓝湖火车站附近又击毁5辆苏军坦克。我们在国会大厦坚守阵地,歌剧院那边的苏军坦克越聚越多。我们接到了突围命令——据说这是戈培尔亲自下达的。一起上路的还有3~5辆坦克,目的地是北边的奥拉宁堡(Oranienburg),在那里加入温克战斗群(Wenk)……不久后,我们收到了希特勒和戈培尔自杀的消息……傍晚时,我们决定炸毁坦克,逃离柏林。

最终,迪尔斯和他的同车战友们熬过了残酷的柏林战役,幸运地开启了战后生活。

◀ 一名德国技术人员正在为"虎王"坦克喷涂涂料,这辆坦克的战术编号是"300",表明它是第3连连长的座车

▼ 一辆隶属第503重型装甲营的"虎王"坦克,驾驶员和机电员正在待命。炮盾下部的圆形部件是战斗室排风扇护罩,它很容易被炮弹或弹片打飞

▲ 从西线战场撤离后,第503重型装甲营换装了45辆"虎王"坦克。1944年10月,该营前往布达佩斯执行威慑任务,成功扭转了匈牙利的局势

第 6 章　作　战　　187

◀ 摄于 1944 年秋，一队美军士兵正准备回收德军遗弃的受损"虎王"坦克。他们在炮塔侧面喷涂了大尺寸白色五角星，以此表明这辆坦克是战利品

▼▼ 摄于战事结束后的意大利盟军占领区，一队美军士兵正从一辆丧失行动能力的虎式坦克旁经过。这辆坦克的主动轮被卸下，履带短接在负重轮上，这表明德军原本计划将它牵引回收

维 修 7

　　直至部署到北非沙漠和东线战场后，虎式坦克的一些使用问题才逐渐暴露出来。尽管部队有能力应付多数技术问题，但虎式坦克服役初期参与的每一场战斗都危机四伏。如果一些设计缺陷引发的机械故障导致虎式坦克抛锚，就需要专业维修单位利用重型机具对它进行回收。

　　在北非作战的第501重型装甲营是首批列装虎式坦克的作战单位之一，他们的2个重型装甲连共编制有20辆虎式坦克。在战斗即将结束时（译者注：可能指北非战役），吕德尔少校在一份野战报告中总结了虎式坦克的维修经验：

维修单位的组织架构：
　　维修连中的一个排应作为组建维修基地的基础力量静态部署，同时必须对装备进行妥善伪装。该排需具备使用重型起重设备的能力，因此必须在地面坚实的地域建立维修基地。封闭厂房有利于开展大修工作，尤其是在夜间开展的焊接工作。所谓"工作帐篷"只是一种蹩脚的权宜之计，现有的12人帐篷并不适合作为虎式坦克的维修场所。部署在维修基地的维修排应一直原地待命，只有在回收路线过长不便后送严重损毁的坦克，或全营调往其他战区时才能转移。

　　维修连中的另一个排应作为紧急抢修队部署在装甲连驻地附近。

战时维修工作：
　　作战初始阶段，所有维修工作均在一名后勤参谋的指挥下统一开展，他与战斗队列间通过无线电台和摩托车传令兵联络。维修分队携带必要备件跟随战斗队列行进，开展快速维修作业。为提高维修分队的机动能力，最好搭乘缴获自敌军的装甲运输车（半履带式）。

　　维修连主力应跟随后勤分队行动（包括维修基地和回收分队的部分单位）。

◀ 第504重型装甲营的技术人员正利用基于福恩（Faun）L900卡车改装的重型汽车吊起吊一辆虎式坦克的炮塔。这型汽车吊并非重型装甲营的制式装备，他们原本装备的是更笨重的龙门吊

▲ 一辆隶属第500装甲训练营的虎式坦克。该营驻扎在纽伦堡附近的埃尔朗根(Erlangen)。因为汽油供应不足，这辆坦克改以液化气为燃料，所以动力室上部加装了4个大型液化气瓶。这辆坦克装在一辆SdAnh 121低地板重载平板车上，这是德国在第二次世界大战期间生产的唯一一型承载能力可达65吨级的平板拖车

在战况和路况有利时，负责紧急抢修工作的维修排中，机动性较差的一部分应跟随后勤分队行动，大部分备件由这部分单位携行，同时利用机动性较强的车辆从维修基地向前线运送备件。回收分队中机动性较差的一部分应随同后勤分队行动。

作战期间，履带脱落和悬架受损等较易处理的问题，应由紧急抢修队的战车维修小组(Panzerwarte)处理。如果(坦克)发动机或变速器出现轻微故障，则由后勤参谋派出专业人员处理。需动用起重设备、耗时数小时才能排除的严重故障，则由维修基地排的工作组处理。

如果条件允许，需动用起重设备维修的坦克或暴露在敌火力下的坦克，都必须拖运至安全地域处理，以免起重设备受损。负责指挥的后勤参谋应与维修单位主力一同行动。

如果某辆受损严重的坦克所处的交战区域即将失守，则必须将其拖运至绝对安全的区域后再维修。维修区域必须在三天以上时间里保证安全稳定（以开展更换发动机、变速器和燃油箱等较复杂作业）。如果暂无所需备件，则必须将坦克拖运至维修基地。可将基地里待修坦克上的完好零部件拆下，作为轻微故障坦克的替换件，从而减少拖运工作量和燃油消耗，减少负重轮损耗，节省时间。就地修复的虎式坦克可直接返回战场。

第 7 章 维 修

维修虎式坦克时需遵守以下原则：
1）尽量就地维修。
2）至少保留备用发动机和变速器各1台。

对起重（和运载）设备的评价：

15吨级龙门吊：能在突尼斯的公路，甚至山区顺畅机动，但在盘山路上需水平极高的（牵引车）驾驶员来操作。起重性能可满足维修基地的作业需求。

福恩（Faun）10吨级汽车吊：在野外维修虎式坦克的炮塔时，该汽车吊是不可或缺的。只要地面坚实，该汽车吊就能抵达任何需要它的地方。该汽车吊的转向机构易受损，在某些路况极为恶劣的地区，需用半履带运输车将其牵引至工作地。在龙门吊无法开展作业的地方，该汽车吊是唯一能起吊虎式坦克炮塔的起重设备。

22吨级平板拖车只能在地面坚实的道路上行驶，该车不具备在松软地面上转向的能力。

签名：吕德尔少校

▼ 要为虎式坦克更换一根扭杆，就要拆卸几乎一整套行走机构，因此图中这辆隶属第505重型装甲营的虎式坦克恐怕短时间内无法参加战斗了。这类维修工作只能在远离敌军炮兵和攻击机威胁的绝对安全地带开展

1943年8月的《装甲部队通报》刊登了一篇论文（节选）：

……摘自某重型装甲营野战报告：

只要虎式坦克出现故障时处于坚实地面上，无论铺装道路还是非铺装道路，用2台牵引车（SdKfz 9）就能轻易将其拖走。坦克与第一辆牵引车间用牵引杆连接。尽管一辆牵引车的动力足以牵引虎式坦克，但虎式坦克过重的车体会使牵引车偏离方向，无法长距离行驶。因此，需再用钢缆连接另一辆牵引车，由它辅助第一辆牵引车保持行驶方向。在坡度较大的盘山路上牵引虎式坦克时，还需连接一辆自重较大的机动车（以三号坦克为宜），否则虎式坦克会拽着两辆牵引车向路侧滑移。如果故障坦克的一侧履带脱落，则应将另一侧履带一并卸下，使坦克靠负重轮行驶，（该单位）曾用这种方式牵引虎式坦克行驶超过100km。所有旨在保护牵引车传动机构和制动装置的规章制度都应严格遵守。对于在土质松软地带淤陷的虎式坦克，可让两辆牵引车停在坚实地面上用绞盘施救。该单位曾利用一辆三号坦克成功拖救了若干辆淤陷的虎式坦克。情况紧急时，可用一辆三号坦克冒着敌方炮火拖救虎式坦克。如果不考虑履带或炮架的超负荷损坏问题，则三号坦克能拖曳虎式坦克行驶最多3km。由于会导致三号坦克的转向机构和制动装置严重磨损，这种方式只适于短途拖救。目前看来，不宜用一辆完好的虎式坦克拖救一辆抛锚的虎式坦克，因为没有合适的刚性牵引装置，牵引车配套的牵引杆与虎式坦克的牵引基座并不匹配……

如果同时装备中型和重型坦克，则部队必须重新编制下属维修单位。早在1942年4月时，为每个重型装甲营编制1个维修连的命令就已经下达了。

维修与回收

下文摘自某驻意大利重型装甲营的战后报告：

山区非常不适合坦克行动，而我们却奉命（在山区）支援步兵单位，这些要求是我们无法实现的。全营一直未能完整集结行动，而连一级的集中行动只实现过3次。从另一个角度看，将整个营撤出战场会打破战线稳定。因此，将虎式坦克营投入山区作战实属不得已而为之。

◀ 在将特制的起重缆固定到位后，第504重型装甲营的技术人员就能将这辆虎式坦克的炮塔吊离车体了。这辆坦克的外表看起来很新，说明这可能只是一场维修和回收作业演习。注意这辆坦克此时配装的是较窄的运输履带

▼▼ 图中的弗里斯（Fries）龙门吊的起重能力为16t，隶属党卫军第3"骷髅"装甲师的912号虎式坦克的炮塔已经与车体脱离。这台龙门吊部署在森林边缘，显然是为躲避敌军的空中侦察

与其他战场相比，（部署在意大利的虎式坦克）从作战伊始就暴露出更多技术问题。如果想让我营回收分队应付所有需求，就需精心部署，并使全排每名官兵都尽其所能。

一些例子：

1. 一辆虎式坦克陷于浅滩，末级减速器受损。尽管已现场查明故障原因，但回收分队还是冒着猛烈的炮火和敌机的袭扰将这辆虎式坦克拖救出来，并拖曳至一处维修站。

2. 在一次战术撤退期间，一辆虎式坦克因传动机构故障而无法行动。一大早，回收分队便从一座被放弃的村落里将其拖回后方，避免其落入敌手。

3. 在回收了上述虎式坦克后，回收分队又接到命令，拖救一辆在战斗中受损的虎式坦克。当3辆牵引车赶到回收地时，双方坦克还在激烈交战。他们冒着敌攻击机的轮番扫射和炮兵的精准轰击完成了回收工作。2辆虎式坦克最终都顺利抵达我方战线。此后，（他们）又在类似条件下回收了另一辆虎式坦克。

4. （我们）在牵引几辆出现故障的虎式坦克时，要经过一段漫长且蜿蜒曲折的山路。期间，一辆牵引车被炮弹直接击中，导致3人重伤，1人死亡，所幸回收工作并未因此中断。路上要跨越一道峡谷，

▼ 装载人员并没有严格按规章给这辆虎式坦克换装运输履带。运输履带平时由 SSyms 铁路平板运输车携行

第 7 章 维 修

但峡谷上的桥梁受损,已摇摇欲坠。大家费了很大力气,为过桥做好了准备。为使坦克在 2 辆牵引车的拖曳下顺利通过桥梁,只能用焊枪切断其两侧履带。作业期间,敌炮火从未停歇,1 辆弹药运输车和 1 辆油罐车被炮弹击中后爆炸。任务结束后,牵引车都必须进行彻底翻修。

　　调来第二个牵引分队后,(我们的)牵引工作得以继续开展。另有 2 辆因于我方步兵阵地前的虎式坦克被成功回收。我们顶着盟军的炮火将它们拖到了 8km 开外的地方。回收过程中,一辆虎式坦克压垮桥梁掉进峡谷,所有拖救措施均未能奏效,我们只得放弃。工兵分队搭建了一座临时桥梁,另外 2 辆虎式坦克由此拖至后方。1 辆配四联装 20mm 口径高炮的 8 吨级牵引车(即自行高炮)和 1 辆半履带装甲运输车在此期间执行警戒任务。回收分队最终顺利通过了蜿蜒曲折的山路。回收分队只应在白天出动,因为入夜后在唯一一条可通行的道路上,要么有游击队出没,要么会拥堵大量(我军)部队和车辆。在攻击机的威胁下,一同行动的自行高炮提供了有效掩护,确认击落 2 架盟军飞机。

▲ 日常维护对虎式坦克而言非常重要,必须定期执行。这项工作由专门的维护人员负责,即使是正在维修基地接受大修的坦克也要进行维护。图中的维护人员正在清理发动机空气滤清器并更换密封圈

▲ 在松软地面上牵引虎式坦克或"虎王"坦克有时要动用5辆SdKfz 9型18吨级牵引车。两辆SdKfz 9正将一辆隶属第503重型装甲营的虎式坦克拖向维修基地，这辆坦克缺失了两个负重轮轮盘

装甲部队总监对此作出如下评论：

这些事例说明，通过合理部署维修分队，加之全体官兵任劳任怨，在条件极为不利的情况下也能开展坦克回收作业。战争已进入第五个年头，每辆坦克都是极其宝贵的，因此需时刻做好相关准备工作。回收分队的表现应得到高度赞扬。

1943年6月8日，陆军总监发布了有关维修单位组织架构的工作指导：

在虎式坦克营营部连中组建由52名官兵和18辆车辆组成的维修排后，建议将维修任务分为三类：

轻度损坏由战斗连队的维修分队（Instandssetzungsgruppen）处理。

中度损坏由营部连的维修排（Instandsetzungsstaffeln）处理。

重度损坏由维修连（Panzerwerksattkompanie）处理。
维修连还需组建若干机动维修分队。

第502重型装甲营营长施万纳少校于1944年8月21日撰写了如下报告：

1944年6月22日—8月10日间的野战技术报告：
我营装备虎式坦克E型。
4月末至6月中旬，我营在奥斯特鲁夫-彼列司考（Ostroff-Pleskau）进行了为期8周的重整，开展了全面的维修工作，包括一些作战期间难以完成的项目，例如翻修悬架、彻底清洗（发动机）冷却系统和燃油管路，以及针对发动机、传动机构、炮塔驱动装置和制动装置进行检查和调校。有赖于长期的平稳局势，备件能保证正常供应。

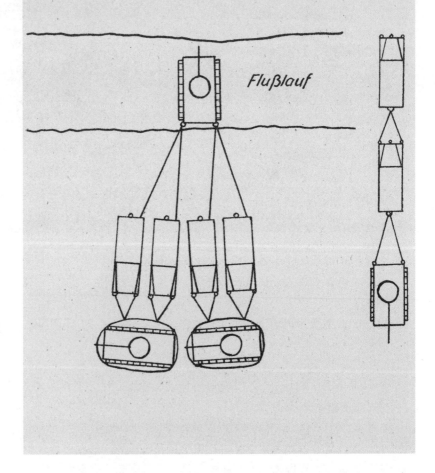

▶《虎式插图手册》中用示意图介绍了一种拖救淤陷在河床上的虎式坦克的方法：将4辆SdKfz 9型牵引车拖挂在2辆虎式坦克上，然后6辆车合力用绞盘将淤陷的虎式坦克拖出。示意图右侧展示的是用2辆SdKfz 9型牵引车拖救虎式坦克的方法

重返战场的时间是6月22日夜，伴有降雨。坦克出现故障：1台发动机失火，1个（发动机）冷却风扇驱动轴损坏，1个副传动轴的连接螺栓断裂。这些故障都不严重，可由维修分队在短时内排除。尽管（坦克的）行驶里程达到30~50km，但悬架并未出现故障。

第 7 章 维 修

鉴于目前备件供应充足,负重轮橡胶轮缘开裂、副传动轴连接螺栓断裂、履带窜至驱动齿上部,以及燃油管遭炮击损坏引起的发动机失火等问题,均可在短时内解决。

在我营所辖的 2 个连向杜纳堡(Dünaburg)地区调动期间,虎式坦克的出勤率为 85%。第 1 连在伊德瑞扎(Idriza)以南地区作战,他们上报的故障为 2 个扭杆断裂、1 台转向机失效及某些副传动轴的连接螺栓断裂。

当前的备件供应情况和维修条件,完全能满足杜纳堡以南作战行动前几日的需求。然而,战术方案要求坦克在酷热难耐的天气下每天行驶 80~100km。尽管日夜赶工,但维修单位仍然无法及时处理为数众多的故障坦克。(坦克的)悬架承受不住如此强度的长途奔袭,重压之下的内侧负重轮橡胶轮缘会很快松脱,进一步增大其余负重轮的负荷,它们很快也会损坏,在日照强烈的白天损耗尤甚。(坦克)带着损坏的橡胶轮缘,或不带橡胶轮缘行驶,很快就会使负重轮、轴承和扭杆摆臂报销,而带减振器的扭杆摆臂会因行驶中的剧烈冲击而频繁损坏。虎式坦克出现上述问题后,即使在备件齐全的情况下,也要耗费 30~36 小时才能修复。如果与后部扭杆摆臂配套的减振器出现故障,则维修时还要拆下发动机。修复悬架所需的备件已经供应困

▼▼ 车组成员正与维修连的技术人员协力维修一辆隶属第 501 重型装甲营第 2 连的"虎王"坦克。这辆坦克的两侧悬架均已受损,主动轮被卸下,以便维修末级减速器。为维修发动机,要利用安装在炮塔顶部的手摇起重机将沉重的动力室盖板吊起来

▼ 福恩 L900 汽车吊装有巨大的配重块,足以起吊虎式坦克的炮塔。这辆车左侧是一辆配装毕适登(Bilstein)3 吨级回旋式起重机的 4.5 吨级卡车(即 SdKfz 100 型汽车吊),它也是维修分队的装备

难,难以运输到我营驻地。

虎式坦克发动机的运行温度相对较高,这导致其寿命周期非常有限,也无法在35℃左右的高温下持续长途机动。尽管已经换用流量更大的散热器,但相对实际冷却需求而言仍是杯水车薪。在行驶时出现故障的虎式坦克中,约有75%是发动机故障,而其中又以机油泄漏和化油器起火居多……

……长途奔袭同时给Olvar变速器带来沉重负担。变速器工作时的高温已使变速器油过度稀化,导致换档动作迟缓,某些换档活塞的失效也与变速器油稀化有关。在变速器低档位间频繁切换会导致传动机构整体失效。在杜纳堡的战斗中,敌军炮火造成的损坏多集中在双侧末级减速器、主动轮和负重轮上。

前文提到的长途机动使备件消耗量大增。目前的备件库存仅能支持各维修排正常运作8天。尽管我营从长计议,此前对备件库存和供应做出了合理安排,但仍然无法在短期内修复手头的虎式坦克。里加的坦克备件仓库(Panzerersatzteillager)迁移到柯尼斯堡和文登地区(Wenden)导致备件供应问题进一步恶化。此外,北方集团军群

▼ 一辆隶属第505重型装甲营的虎式坦克(炮管套筒上喷涂有战术编号)在攀爬路基时掉进了沟里,注意其炮塔储物箱已经遗失

▲ 摄于1944年初的乌克兰文尼察（Vinnitsa），技术人员正对一辆隶属第506重型装甲营的虎式坦克进行大修。在冬季，虎式坦克车组经常会卸下第一对负重轮的外层轮盘，因为冻结的泥土很容易卷入轮间使负重轮卡滞，最终导致扭杆变形。注意这辆坦克的冬季白色伪装涂层涂布得非常细致

的铁路运输线路严重阻塞，所有运输行动都大受影响，两节装载着前线急需的虎式坦克备件的车皮，从里加行驶到克鲁兹堡（Kreuzburg）要耗费14天之久。

为克服运输难题，我营将自行组织卡车队运回急需备件。

第16集团军负责后勤运输的主官有效保障了SSyms铁路平板运输车的调配工作。

我营由杜纳堡撤至没有铁路线经过的地区后，新问题出现了，那些受损严重的坦克根本无法运往后方。一开始，利用其他车辆牵引后送了3辆严重损坏（发动机、变速器或悬架受损），无法在短期内修复的坦克。另有3辆坦克在后撤前已恢复行驶能力。主防线首次后移要求维修基地后移45km。如果采取昼夜轮班的工作方式，则用两天时间就能在维修基地新址修复所有受损/故障虎式坦克。主防线第二次后移要求维修基地后移55km。由于所有虎式坦克都在持续作战，需拖曳的坦克数量上升至9辆。此后3天，损坏最严重的3辆坦克相继修复完毕。主防线第三次后移要求维修基地后移超过45km，但此时只有6辆坦克仍需拖曳。一些坦克被拖曳行驶了超过100km，行走

▲ 第503重型装甲营维修连的技术人员正用弗里斯16吨级龙门吊起吊虎式坦克的炮塔,可见炮塔吊篮的旋转地板,车体涂布有防磁涂层

机构的损坏进一步加剧,除位于车体中部的若干扭杆外,其余扭杆均需更换。

在杜纳堡的撤退行动开始时,我营有8辆SdKfz 9牵引车可投入工作。随后,其中一辆的发动机出现故障,无法使用,由于备件总库正从米陶(Mitau)迁往柯尼斯堡,所需备件无法供应,只能拖曳前行。此外,其他牵引车也出现了牵引基座开裂、车体变形、扭杆摆臂/扭杆/履带受损等问题,但均由维修连圆满解决。其余7辆牵引车执行了里程超过750km的拖曳任务,悬架承受了巨大负荷,其中4辆需大修,但受备件短缺影响无法进行。

只有在SdKfz 9牵引车数量不足且战术态势危急时,才会利用能作战的虎式坦克牵引故障的虎式坦克。虎式坦克并不适合向出现故障的同伴"伸出援手",因为牵引过程可能导致施救坦克的变速器和转向机构损坏。我营要求尽快配发2辆"黑豹"坦克回收车。

……备件供应短缺情况依然严峻……这迫使我营从损坏最严重的一些虎式坦克上拆下完好的零部件作备件之用，或利用手头能找到的原材料自行加工备件。

各维修排、维修分队和维修小组的技术人员水平高超，非技术人员也展现出令人满意的专业素养……

长期在我营服役的老驾驶员都具备过硬的驾驶技术，多数驾驶员都在维修虎式坦克方面经验丰富，这可能源于所有驾驶员都要协助开展维修工作，因此能学到很多机械原理和故障诊断知识。1944年4月中旬—6月中旬，战局平稳，驾驶员、机械师和技术军官接受了有关（坦克）发动机、变速器和转向机构维修工作的培训。

从本上派来的新驾驶员具备过硬的理论和基础技能，但在实际操作方面仍有欠缺。目前由于燃油和备件短缺，无法在前线为他们组织驾驶技术培训。

在前线态势稳定，维修基地不必频繁转移的情况下，龙门吊能发挥很大作用。而在频繁机动作战时，龙门吊会成为我营的一大负担，它在公路运输时需牵引车拖曳，而在铁路运输时需特殊车厢装载……

▼ 一名机械师正将虎式坦克的炮塔落入炮塔座圈中，主炮处于后座位置。从炮塔形制可知这是一辆后期型虎式坦克，防盾上只有一个观瞄孔

▶ 一辆测试中的"虎王"坦克,亨舍尔公司的技术人员正用毕适登3吨级汽车吊起吊其动力室盖板。这辆坦克采用了所谓的"光影迷彩"(Licht-und-Schatten Tarnung)涂装,这是一种在工厂里喷涂完成的标准三色迷彩,在此基础上还点缀有一些暗黄色斑点,以模拟阳光星星点点地从茂密的树冠中透射到车体上的效果。

以下为1943年6月22日—8月10日的备件消耗情况(节选):

实际消耗的备件	为40辆虎式坦克实际储备的备件
7台HL 230发动机	4台HL 230发动机
9台HL 210发动机	无
11套完整传动机构	4套完整传动机构
47个主动轮	8个主动轮
26个诱导轮	4个诱导轮
93个双缘负重轮	4个双缘负重轮
220个单缘负重轮	80个单缘负重轮
290个橡胶轮缘	80个橡胶轮缘

这份战地报告很值得关注,它记载了虎式坦克部署过程中暴露的一些问题。像虎式坦克这样的复杂武器系统无疑会衍生大量维修需求,而实际消耗的备件量竟然达到库存量的四倍之多。很多装备虎式坦克的部队一直饱受备件短缺问题困扰,他们只能"挖东墙补西墙",从受损的虎式坦克上拆换零部件。

回收

牵引车是德军坦克部队维修连不可或缺的装备。按KStN1187b战斗力统计表要求,维修连应编制3辆SdKfz 9牵引车和1辆SdKfz 9/1重型回旋式起重机(schwere Drehkrankraftwagen)。这样的编制水平仅能勉强满足1个装备三号坦克和四号坦克的装甲团的战车回收需求。

新成立的虎式坦克单位最初编制有与装甲团类似的维修连,但其装备水平难以满足及时回收瘫痪重型坦克的需求,牵引车的性能和数量都明显不足。如果使用由坦克临时改装而成的回收车,则要相应调整维修连的组织架构。

瘫痪在交战区的受损虎式坦克,是必须不惜一切代价抢救回来的。最简单的方式就是用另一辆完好的虎式坦克将它拖离战区。但德军明令禁止采用这种方式,因为虎式坦克的变速器和转向机构极易在拖救过程中受损,导致得不偿失。遗憾的是,尽管上级三令五申,但利用坦克拖救坦克的行为在基层单位中依然屡禁不止。

在维修复杂而沉重的虎式坦克时,要采用一些特殊的设备和手段:1台16吨级牵引式龙门吊;1台装在福恩重型卡车上的10吨级

起重机,用于炮塔起吊作业;1台6吨级SdKfz 9/1重型回旋式起重机,用于发动机起吊作业。维修所需备件重量可观,因此需安排相应运力配合。

针对故障虎式坦克的回收工作:

一般而言,在坚实地面上拖曳虎式坦克需动用2辆SdKfz 9重型牵引车。在使用刚性牵引杆时,一辆牵引车的动力足以拖曳虎式坦克行驶。但虎式坦克过重的车体会导致牵引车偏离行驶方向,因此实际上不能用一辆牵引车拖曳虎式坦克长途行驶,而需用牵引缆再连接一辆牵引车,以辅助第一辆牵引车保持行驶方向。

在坡度较大的盘山路上拖曳虎式坦克时,必须用重型车辆对其进行约束(以1辆三号坦克为宜),否则虎式坦克会在下坡时向路侧滑移,而2辆SdKfz 9在这种情况下是无法控制它的。

还可利用1辆三号坦克对淤陷在松软地域的虎式坦克实施拖救……三号坦克能拖曳虎式坦克在交战区行驶1~3km。目前,用一辆虎式坦克拖救另一辆虎式坦克的尝试尚无成功案例,因为虎式坦克尾部的牵引基座并不适合执行这类任务。

　　回收无法行动的虎式坦克是一件极费力的事,而用 SdKfz 9 牵引车或三号坦克拖救有时也会徒劳无功。某次战斗期间,一天内就有 5 辆虎式坦克因淤陷过深无法施救而遭放弃。

　　在有敌军火力威胁时,回收分队一般会将 2~3 辆 SdKfz 9 牵引车串联起来执行回收任务。这种情况下,只要能成功回收宝贵的虎式坦克,一切规章制度就都可以抛诸脑后。

　　一些行事灵活的部队会将缴获来的所有敌军坦克都投入战场,这是一种行之有效的方式。不过,自 1943 年开始,德军高层要求所有单位将缴获的敌军坦克上缴,具有强大牵引能力的 KV-1 坦克和 T-34 坦克会集中编制在集团军一级部队的回收连中,作牵引车之用。

　　1943 年 11 月,德军发布了 KStN 1189 战斗力统计表,按其编制的坦克回收连(Panzerbergekompanie)属于集团军级部队的后备单位。回收连第 1、第 2 排的任务是协助装备轻型装甲车辆(例如三号坦克、四号坦克和三号突击炮)的单位回收战车,每排各编制 9 辆

◀▼ 回收分队一般会用3辆串联的 SdKfz 9 型牵引车拖曳虎式坦克,他们往往要冒着炮火执行拖救任务,将抛锚的坦克尽可能都拖回维修基地

▲ 第505重型装甲营的官兵正在为224号虎式坦克做铁路运输前的整备工作，他们将牵引缆挂入前牵引环，准备用SdKfz 9型牵引车将坦克拖曳到SSyms铁路平板运输车上。注意指挥塔上简陋的遮雨篷，以及首上装甲部位放置备用履带销的架子

SdKfz 9牵引车。回收连第3排的任务是协助装备虎式坦克或"黑豹"坦克的单位回收战车，理论上应编制9辆SdKfz 20型35吨级牵引车和3辆65吨级平板车，但35吨级牵引车始终未能投产。有鉴于此，KStN 1189战斗力统计表的附录中这样写道：

所有原计划编制35吨级牵引车（SdKfz 20）或T-34坦克及KV-1坦克的回收单位，都将编制18吨级牵引车（SdKfz 9），以2辆SdKfz 9填补1辆35吨级牵引车的缺额。

第503重型装甲营在1943年10月10日的作战报告中记录了回收排的工作经验：

8）回收排

回收排对虎式坦克营而言是至关重要的，为辅助超负荷运转的SdKfz 9牵引车开展回收工作，我营将1辆受损的虎式坦克改装为牵引车。该车车体下部有一道较长的裂缝，但仍能正常行驶，炮塔已无

第 7 章 维 修　215

▲ 德国南方集团军群入侵克里米亚后,占用了罗斯托夫附近著名的亚速重型机械厂(Asov heavy engineering facility)。这里的厂房十分宽敞,装有大型起重设备,一年四季都能开展维修工作

法转动。这辆虎式坦克牵引车在回收行动中发挥了很大作用。

　　重型牵引车产生了显著的机械磨损,执行回收任务时一般要将它们串联使用,最多时要有 4 辆,车首和车尾的牵引基座分别固定在底盘前端和后端的横梁上。但频繁的串联牵引会导致横梁从底盘上脱落。维修连从 1 辆铁路车皮上截取了 25mm 厚的钢板,焊接在底盘后端横梁上作加固件。同时,为底盘框架加装了斜向布置的加固梁,前端横梁则以 U 型钢加强。

　　……目前显然无法配发新牵引车,因此,我营急需更多备件……

▲ 一辆"黑豹"坦克回收车（SdKfz 179），其车体上巨大的箱形盖罩下，是一台固定在底盘上的牵引能力为40吨级的大型绞盘。1944年1月起，德军开始接收"黑豹"坦克回收车，最终每个虎式坦克作战单位都列装了2辆

坦克回收车的出现

"黑豹"坦克列装部队后，德国武器局开始提升回收分队的作业能力。作为SdKfz 20型35吨级牵引车的临时替代品，4辆亨舍尔VK36.01坦克样车配发到新组建的重型装甲营中，作牵引车之用，据说它们都安装了绞盘。时任装甲兵总监的古德里安将军，要求在"黑豹"坦克的基础上开发一型坦克回收车，并从正在生产的"黑豹"坦克中抽调一定比例，直接改装。这型坦克回收车的动力应足以拖动中型坦克，并装备能起吊发动机和变速器的起重杆。此外，还应安装牵引能力为40吨级的绞盘，并在车体后部铰接大型驻锄，配合绞盘拖救淤陷的坦克。

最终定型的坦克回收车俗称"维修豹"（Bergepanther），早期批次并未安装绞盘和驻锄。作为第一个列装"维修豹"的虎式坦克作战单位，第501重型装甲营于1944年1月接收了2辆。到2月，第506重型装甲营和第509重型装甲营也分别接收了2辆"维修豹"。到8月，所有重型装甲营均已按编制要求列装了2辆"维修豹"。

1944年12月的《装甲部队通报》刊载了某中型坦克营的坦克回收经验：

▲ 利用"黑豹"坦克回收车开展回收作业时，要放下车尾的大型驻锄，以保持车体稳定，而绞盘的牵引力可通过滑轮组进一步放大。除绞盘外，该回收车还备有大型方木和2吨级手摇起重机等救援物料和设备

……鉴于地形并不适合坦克行动，将各连拆分为若干由2~3辆坦克组成的小战斗群，这给维修连开展工作造成了极大困难，他们可用的牵引车已寥寥无几。在1辆18吨级牵引车因机械故障报废，1辆12吨级牵引车遭炮击受损后，我营将在佛罗伦萨以南的战斗中缴获的1辆仍能行驶的"谢尔曼"坦克改装为牵引车，从8月末一直用到现在。这辆"谢尔曼"孜孜不倦地投入回收工作中……自这辆"谢尔曼"参与回收工作以来，我营因无法行动而被迫自毁的坦克数量明显下降……6月，因无法行动而被迫自毁的坦克数量占到全部损失数量的61%，7月降到了31%……这说明所有坦克营或突击炮营都应装备坦克回收车，它们能抢救很多坦克，使装甲部队保存实力。

装甲兵总监答复如下：

部队的确面临回收能力不足和备件短缺的问题。如果（上级）无法配发数量充足的坦克回收车，部队就必须自己解决困难，上述案例便是如此。部队必须不惜一切代价，将淤陷或受损的坦克抢救回来，应尽量避免无谓的自毁行为……从下面这份由某集团军群总部提交的报告中可以看出，某些部队对配发下来的坦克并没有什么责任感可言：

一些事例：

1. 一名少尉在带领 5 辆 "黑豹" 坦克通过一座坚固桥梁时，由于编队车速过高且车距过近，2 辆 "黑豹" 压垮桥梁掉了下去，在没有可用牵引车的情况下，只能将这 2 辆坦克爆破。

这名少尉本应指挥坦克排成单列纵队通过桥梁，而且行进速度要慢一些。

第 7 章 维 修　219

◀ "黑豹"坦克回收车是第二次世界大战期间同类车辆中动力最强劲的一型。图中是英军缴获的一辆"黑豹"坦克回收车，正在一处军用车辆试验场中开展测试工作。尽管动力强劲，但"黑豹"坦克回收车在拖曳重达65t的"突击虎"时，仍会显得很吃力

2. 一辆坦克淤陷在沼泽草甸地带。战斗结束后，另一辆坦克在没有对地质状况进行探查的情况下贸然施救，结果同样被困。最终只能将这两辆坦克炸毁。

第二辆坦克的车长本应在施救前探查地质状况⋯⋯

这份报告无疑表明了坦克回收车的重要性，当然，还有美制"谢尔曼"坦克的优良品质和高可靠性。

如何对付虎式坦克 8

威力非凡的虎式坦克投入战场后，给作战双方都带来了巨大挑战：一方面，德军官兵和维修人员要努力提升自己的技能水平，以驾驭和保障这型先进且复杂的武器；另一方面，盟军官兵要在震惊与畏惧之余，苦思冥想应对强敌之策。苏军官兵的恐惧大多源于两种德军战车——其一是突击炮，其二就是虎式坦克。很多作战报告都表明，苏军装甲部队在遭遇这两种战车后，大多会选择避而不战。苏军曾印制了一些手册，记载瘫痪或击毁虎式坦克的方法。"城堡行动"后，（德国）陆军最高统帅部曾对一本苏军手册进行翻译，节选如下：

德军六号坦克（即虎式）弱点及摧毁方法：
Ⅰ.行走机构
前部主动轮和后部诱导轮、负重轮组和履带对坦克机动性都至关重要……可用穿甲弹或高爆弹攻击轮组和履带，破坏这些部件后坦克会被迫停车……将3~4枚地雷固定在木板上，再在木板上系一条绳子，对这一简易爆炸装置和人员进行伪装，静待坦克接近。当坦克经过人员隐蔽位置时，拉动绳子，将简易爆炸装置拉到坦克履带下……
Ⅱ.侧面上部和下部装甲
该坦克燃油箱位于后部诱导轮附近，左右燃油箱间是发动机，利用76mm、57mm或45mm口径反坦克炮发射穿甲弹或高爆弹，攻击其侧面下部装甲，它会因此起火爆炸……
Ⅳ.直视观瞄装置
该坦克炮塔上有2个轻武器射击孔、2个观察缝，车长指挥塔上有5个观察缝……驾驶员观察口位于首上装甲部位，可用所有武器向观察口和观瞄装置射击……
Ⅴ.炮塔和指挥塔

◀ 中后期型虎式坦克只配装一具前照灯，位于首上装甲中央部位，这是区分不同批次虎式坦克的主要特征之一。1944年末，漫天梭巡的盟军攻击机对德军装甲部队形成了巨大威胁，车组成员们不得不仔细用树木枝叶将坦克伪装起来。图中这辆坦克曾被炮弹击中首下装甲部位，所幸炮弹被弹开，只剥落了一大块防磁涂层

▲ 第505重型装甲营的一名车长正在指挥塔中向一组步兵发号施令。早期型虎式坦克配装的鼓形指挥塔存在诸多缺陷,其中最糟糕的就是舱盖采用了水平开启方式

指挥塔是该坦克最薄弱的部位之一,可用任何口径火炮向其发射穿甲弹或高爆弹,破坏其指挥塔。可将手榴弹和燃烧瓶掷入受损的指挥塔内……

Ⅶ.火炮与机枪

炮塔中有主炮和同轴机枪,首上装甲部位还有1挺航向机枪,用于辅助主炮瞄准,可用所有武器向其射击……

Ⅷ.炮塔与车体间的缝隙

炮塔与车体间有约10mm高的缝隙,可用所有武器向其射击……

众所周知,与推进中的装甲部队展开近战是非常危险的行为。这本手册中记载的很多方法都要求官兵做到勇敢和镇定,苏军中确实不乏这样的英雄人物。

1944年1月22日,一名来自反坦克步枪连的苏军中尉被德国国防军第198步兵师俘虏,以下内容摘自德军对他的审讯记录:

1944年1月19日,我部在一处农舍中俘虏一名伤员,此人是来自苏军步兵第86团的中尉……

第 8 章　如何对付虎式坦克

▲ 即使在深夜，回收分队也要不惜一切代价拖救瘫痪的虎式坦克。一辆 SdKfz 9 型牵引车与虎式坦克尾对尾，技术人员正准备用刚性牵引杆将两车连起来。按惯常的规程，这辆牵引车前应该还连着另外两辆牵引车，因为只有三辆车齐心合力才能顺利拖曳虎式坦克

反坦克步枪连的实力与武器装备：

该反坦克步枪连共有 24 名士兵，12 支反坦克步枪（Digtjarjov，捷佳廖夫型）。每支反坦克步枪的弹药基数为 40 枚……该连连长有权在全营范围内挑选战术素养最高、身体最强壮的士兵，纳入麾下……进攻时，反坦克步枪手会跟随先头部队一同行动。

反坦克步枪与弹药的技术细节：

14.5mm 口径捷佳廖夫反坦克步枪（PTR-D）重约 16kg，长约 1960mm。最近还配发了一型装 5 发弹匣的反坦克步枪，该枪以设计师西蒙诺夫（Simonov）命名（PTR-S），重约 20.3kg，长约 2100mm。标准型 14.5mm 口径反坦克步枪弹能在 50m 距离上击穿 35mm 厚的钢板。这名俘虏供称另有一型威力更大的枪弹……

苏军最忌惮的德军战车是虎式坦克、"黑豹"坦克以及"费迪南德"自行反坦克炮……

▼▼ 第 505 重型装甲营的虎式坦克正准备发动进攻，车上搭载着十余名步兵，这两辆坦克的侧裙板都有些许损坏

1943 年 4 月，苏军炮兵总司令部（时任总司令为沃洛诺夫元帅）

▲ 摄于东线战场，第505重型装甲营的虎式坦克，靠前的一辆是炮塔上装有烟幕弹发射装置的早期型，靠后的一辆是配装铸造指挥塔的中期型

▶ 隶属第501重型装甲营的"虎王"坦克。德国工程师为坦克车组成员设计了多个逃生舱门，有效减少了人员损失

第 8 章 如何对付虎式坦克

发布了一份有关如何击败虎式坦克问题的作战指南。该作战指南后被德军获得并翻译，《装甲部队通报》第 4 期的一篇文章中收录了部分内容：

> 炮班长和炮手应仔细研究敌坦克弱点。他们必须知道，使用何种弹药、在多远的距离上才能击毁敌坦克……对上述重型坦克而言，用高爆弹击中其行走机构、炮塔座圈或主炮时，才能对其形成有效毁伤。

火炮型号	高爆弹	穿甲弹
45mm 口径 M1937 反坦克炮	行走机构、炮塔座圈、主炮	200m 距离上射击两侧、炮塔座圈、后部
45mm 口径 M1942 反坦克炮	行走机构、炮塔座圈、主炮	500m 距离上射击两侧和炮塔座圈 100m 距离上射击正面
57mm 口径反坦克炮	600m 距离上射击行走机构、炮塔座圈和后部	500m 距离上射击正面

▼ T–34/85 是 T–34 中型坦克的改进型，在车体设计和装甲厚度不变的前提下，换装了更大的炮塔和威力更强的 85mm 口径主炮。某些德军资料中将这型坦克称为 T–43

▲ 苏联专门印制了介绍对付虎式坦克方法的传单,指导反坦克官兵攻击虎式坦克的薄弱部位

(续)

火炮型号	高爆弹	穿甲弹
76mm 口径 M1942 野战炮	行走机构、炮塔座圈、主炮	700m 距离上射击两侧、炮塔座圈和后部100m 距离上射击正面
76mm 口径高射炮	500m 距离上射击行走机构、炮塔座圈、主炮和后部	700m 距离上射击正面
85mm 口径高射炮	100m 距离上射击行走机构、炮塔座圈、主炮	
122mm 口径 M1931 野战炮	1000m 距离上射击正面和两侧,1500m 距离上射击炮塔座圈和后部	
152mm 口径 M1937 野战炮	500m 距离上射击正面和两侧,1000m 距离上射击炮塔座圈和后部	

开火前,炮班长和炮手们应静待敌军坦克驶入有效射程内。

第8章 如何对付虎式坦克

　　1944年，苏军开始生产"斯大林"重型坦克。战前设计的KV-1重型坦克践行了"突破坦克"设计理念，它现身东线战场时，德国人着实吃了一惊。

　　T-34坦克的设计具有里程碑意义，它对德国坦克的设计同样产生了深远影响。KV-1的综合性能与T-34相当，但体积更大、装甲防护力更强。

　　1945年1月的第4期《装甲部队通报》中，摘录了新发现的苏军手册中的内容：

　　……下文译自一份指导76.2mm口径炮炮班班长和炮手射击敌坦克的作战手册：

　　次口径曳光穿甲弹：

　　1. 只准许用次口径曳光穿甲弹射击敌重型坦克和重型突击炮。严禁在尚有普通穿甲弹时，用该弹射击敌轻型或中型坦克。

　　2. 次口径穿甲弹是消灭敌重型坦克的最后手段，应时刻携带该弹以备不时之需。

▼ 这张传单不知出自何人之手，但通过车体上的铁十字标识位置和三号坦克形制的储物箱判断，绘图者创作时参照的一定是苏军在1942年末缴获的第502重型装甲营所属虎式坦克

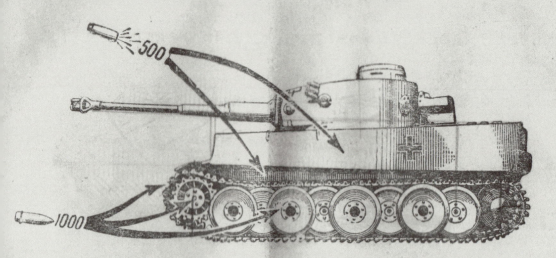

▲ ▶ 一张展现如何用76.2mm口径炮的高爆弹和穿甲弹攻击虎式坦克的示意图。在距虎式坦克500m的距离上,应使用高爆弹射击其轮组与车体间的部位,而在距虎式坦克不超过1000m的距离上,应使用穿甲弹射击其主动轮、诱导轮、履带和负重轮等部件

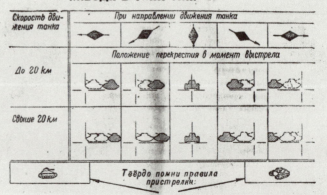

3. 直射时，次口径曳光穿甲弹的有效毁伤距离只有500m，严禁在500m以上距离发射该弹。

普通穿甲弹：

1. 用曳光穿甲弹和破甲弹射击敌轻型或中型坦克时，应瞄准其防护薄弱部位。

2. 应向重型坦克的两侧、后部和行走机构射击。

普通高爆弹：

采用高爆弹时，只能射击敌坦克的行走机构、炮塔座圈和主炮炮管，并使用碰炸引信……

从上述作战手册可以看出，苏军对穿甲弹的使用做出了严格限制。值得注意的是，苏军次口径曳光穿甲弹（从德军档案来看，苏军的所谓次口径曳光穿甲弹实际上是一种硬芯穿甲弹）的直射有效毁伤距离只有500m，类似的德军炮用弹药在性能上要比它优越得多。

▼ 苏联的JS-3重型坦克可能是同期坦克中设计最超前的一型，其车首装甲采用了标新立异的矛头状结构。它配装威力强大的122mm口径主炮，装甲最大厚度达120mm，车体轮廓低矮

总 结 9

如今，通过对战时技术报告和老兵日记的研究，有关虎式坦克的方方面面人们早已耳熟能详。不过，战后撰写的回忆录难免有不实之处，即使是看似"新鲜"的回忆录也是如此。更为遗憾的是，随着战争岁月的远去，很多原本的事实也变得愈发缥缈。

有关虎式坦克和"虎王"坦克的评价总是略显矛盾的，它们的卓越战绩和"坚不可摧"的威名至今仍广为传扬，而笨重、故障率高等贬损之声也不绝于耳。当然，这些评价都是流于表面的，我们大可以质疑评价者是否认真研读过史料。

在我看来，对虎式坦克的研究理应建立在对档案资料的归集和解读之上。这其实并不困难，因为很多资料都能在德国联邦档案馆（Bundesarchiv）、美国国家档案与记录管理局（NARA）以及英国博文顿坦克博物馆（Tank Museum, Bovington）自由查阅。不过，现存档案中有关虎式坦克的作战经历收录并不全面，而这些内容恰恰又是至关重要的：1943—1944年间的虎式坦克作战报告收录详尽，但战争结束前一段时间的作战报告却几乎荡然无存。"虎王"坦克的作战报告大多已难觅其踪，因此我在撰写相关内容时必须参考老兵回忆录。

1942年9月，虎式坦克在拉多加湖以南地区奉上了"战场处子秀"，但遗憾地以惨败告终。第502重型装甲营仅有的数辆虎式坦克困在一片泥沼中几乎寸步难行，这些庞然大物本就会受地形地貌的严重制约，其中一辆最后只能自毁，而其他几辆的受损情况也不容乐观。

正如第6章所述，"处子秀"失败后，虎式坦克很快扭转了颓势，在战场上展现出自己应有的价值，东线的虎式坦克作战单位表现尤为突出，他们取得了众多耀眼的战绩。1943年10月10日，在库尔斯克突出部苦战了78天后，第503重型装甲营报告的战果如下：

◀ 一辆虎（P）坦克回收车载着第653重型装甲歼击营的车辆回收人员。这辆回收车配备的唯一武器是装在后部舱室正面球形机枪座上的一挺MG 34机枪

▲ 截至1943年底，"费迪南德"自行反坦克炮的主炮威力是所有德国战车主炮中最强大的，它能在较远距离上轻易击毁盟军所有现役装甲车辆。但这型自行反坦克炮没有配备机枪等自卫武器，一旦与步兵行动脱节，就很可能陷入不利境地

战果：

501辆坦克

338门反坦克炮

79门野战炮

7架飞机

伤亡：

军官2人

技术员（译者注：指武器生产厂派驻的平民技师）1人

士官12人

士兵29人

总计44人

坦克损失情况：

7辆全损

6辆被122mm和57mm口径炮击伤

1辆被反坦克小组投掷的燃烧瓶烧损

1辆被我方突击炮击伤

3辆被炮弹直接击中

1辆右侧末级减速器卡滞（被车组自毁）

1辆发动机故障（被车组自毁）

1辆车体被炮弹击穿（被车组自毁）

4辆悬架与履带护板间的装甲被炮弹击穿，车体大面积开裂（已送回本土大修）

作战期间，我营理论上平均每天应有12辆虎式坦克出勤，但由于部分坦克在行军中出现故障，且维修基地距作战单位过远，每天实际出勤的坦克只有10辆……

▲ 1943年9月的"城堡行动"结束后，第653重型坦克歼击营接收了3辆虎（P）坦克回收车。同年12月，这3辆回收车返回位于奥地利的工厂进行翻修和改装，并重命名为象式坦克回收车。其中2辆于1944年初随第653重型坦克歼击营大部返回东线作战，另一辆随该营第1连前往意大利，图中的很可能就是这一辆

第503重型装甲营平均每天只有10辆虎式坦克能投入作战，最多也不会超过12辆，就是在这种情况下，他们仍能摧毁数量可观的苏军坦克，这实在令人难以置信。

这份报告并没有记录苏军的人员损失情况——在很多德军单位的报告中，都只会记录一个大致估算出的敌军人员阵亡数。无论是否有这些报告支持，苏军在整个战争期间的阵亡人数都可以用"骇人听闻"来形容。

然而，部署在西线的虎式坦克却基本占不到什么便宜。因为对任何坦克而言，在苏联中部的广袤平原（这是坦克的理想作战地形）开展攻势，与在崎岖的亚平宁山区开展攻势相比，都完全是两回事。盟军的训练水平和整体装备水平显然更高，他们即使没有与虎式坦克旗鼓相当的武器，也完全能与装备虎式坦克的德军一较高下。

此外，无论在东线还是西线，德军都要面对规模上占优的对手，这同样是不容忽视的因素。美国军方的一份报告中记载，一位被美军俘虏的德军重型装甲营军官，在看到一大片被击毁的"谢尔曼"坦克后说道：

……一辆虎式坦克能一口气干掉10辆美国坦克，但你们马上会有第11辆顶上来……

1945年2月的《装甲部队通报》中记载了以下内容：

……西线盟军装甲部队的作战方式：
1. 美国和英国的装甲部队通常会避免在开阔地卷入坦克间的机动

作战，因为他们认为自己的指挥灵活性和坦克炮有效射程均逊于我军。

2. 盟军装甲部队只有在得到充分的炮兵支援和空中支援的情况下，才会发动突击。发现我军坦克或反坦克炮率先开火后，他们会以炮兵齐射的方式予以压制……同时让坦克退回，实施火力支援。

3. 美军经常在进攻时释放烟幕，他们用烟幕来遮蔽装甲部队的侧翼。释放烟幕前，他们会将烟幕颜色告知己方坦克和反坦克炮单位……

4. 盟军坦克只在有步兵紧密协同的情况下投入作战，即使是只有5~8辆坦克参加的小规模进攻行动也会有步兵伴随。

5. 冬季攻势期间（译者注：指阿登战役），盟军沿我军进攻路线开展了规模极小的反击行动，这些战斗烈度很低，但频次极高……他们试图探明战线上有没有部署装甲部队的位置。

6. 盟军装甲部队会参加规模较小的夜袭行动。

从上文看来，西线盟军采取的战术似乎是德军"闪电战"战术的翻版。

第二次世界大战期间，德军之所以能取得耀眼的战绩，很大程度上要归因于前线指挥官较高的战术指挥水平。国防军官兵经常会接受比自己的实际军衔高出两个等级的技战术训练，如此一来，如果有军官或资深士官在战斗中伤亡，比他们军衔低的人就能立即接替他们的岗位。

德军的任务导向型战术在东线战斗中显得卓有成效。在攻击大批集结在固定阵地的苏联守军时，他们总能出奇制胜。同时，德军官兵们也承认，从骨子里来说，大多数苏军官兵都称得上是百折不挠、勇猛无畏的对手。

随着战争接近尾声，德军的后勤供给系统也每况愈下。这从1945年3月11日第2集团军指挥部发给维斯瓦集团军群（Heeresgruppe Weichsel）总司令部的一份电报中可见一斑：

坦克和突击炮，由于激烈的防御战从未停息，这两种武器的实际装备情况已极端恶化。

……第7装甲师仍有12辆坦克（其中6辆可出勤）、28辆突击炮和18辆"黑猎豹"坦克歼击车（出勤状态）。

……第4装甲师仍有36辆坦克（其中11辆可出勤）、6辆突击炮和4辆"黑猎豹"坦克歼击车（出勤状态）。

……党卫军第4"警察"装甲掷弹兵师仍有2辆坦克（其中1辆可出勤）、42辆四号坦克歼击车和12辆突击炮（出勤状态）。

……党卫军第503重型装甲营仍有8辆"虎王"坦克（其中3辆可出勤）。

未来战局走势很大程度上取决于坦克和突击炮的供应状况，尤其是"黑豹""黑猎豹""虎王"等作战车辆的数量。目前，我集团军只有35辆"黑豹"坦克和8辆"虎王"坦克，在敌方重型坦克出现时，只有14辆"黑豹"坦克和3辆"虎王"坦克能出动接敌……

很多重型坦克都是车组在迫不得已的情况下自行摧毁的。这些坦克大多因一些小故障或燃油耗尽而陷入瘫痪状态，碍于缺乏回收设备，德军不得不置它们于不顾。1944年5月11日，第507重型装甲营的施密特少校（Schmidt）上报了如下情况：

……第507重型装甲营对1944年4月1日上报信息的更正：损失的虎式坦克底盘号应为250838，而非此前上报的250831，该车于1944年3月29日在耶焦尔纳（Jecierna，乌克兰地名）以南丧失行动能力。故障原因：陷入沼泽，无法回收，随后被车组自行炸毁。

1945年上半年，如果重型装甲营能在一些对部队情况了如指掌，且尽职尽责的军官指挥下整体投入战斗，就依然能在不利形势下取得一些傲人战绩。相反，如果重型装甲营被拆分开来，以排级甚至单车

▼ 配装128mm口径PaK 80 L/55型炮的"猎虎"坦克歼击车，是第二次世界大战期间各参战国投入实战的战车中全重最大的一型。图中这辆"猎虎"在战争结束前被车组遗弃在一个德国小镇，可见其车体几乎毫发无损，可能是因为出现机械故障或燃油耗尽而遭遗弃

规模投入战斗，进攻失败就是家常便饭。

虎式坦克的任务范畴受到诸多因素的限制。列装多年后，德军部队在使用和维护虎式坦克上积累了一定的经验，但无论如何，虎式坦克依然需要相比其他"同僚"更周全的关照。包括末级减速器在内的很多部件都异常"娇贵"，无法长时间运转。如果维护不当或备件供应不上，虎式坦克的故障率就会直线上升。

第502重型装甲营在1944年9月1日的战斗报告中记录如下：

……六号坦克

配发数量：45辆。

可出勤数量：19辆。

短期修理：8辆。

长期修理：18辆。

部队士气：保密。

特殊问题：战局导致备件供应困难，因此很难将战斗连队的出勤率保持在50%以上。

机动性保持率：80%。

战斗力：已完全做好执行进攻和防御任务的准备。

在同期的形势报告中能找到相同的记录。

虎式坦克和"虎王"坦克的传奇必将不断续写。这些甲坚炮利又不失灵活的"大家伙"，依旧是引人入胜的研究课题。只要坐在虎式坦克里，装甲兵们的安全感就会油然而生，这也是第三帝国宣传机构不遗余力地鼓吹的一点。当然，对任何对手而言，虎式坦克都堪称"心腹大患"。

▼ 保时捷博士为"虎王"坦克和"猎虎"坦克歼击车设计了一种结构相对简单的悬架，但最终只有10辆"猎虎"采用了这种悬架，而"虎王"从未采用过。图中这辆配装保时捷悬架的"猎虎"正在豪斯滕贝克的试验场中进行测试，它后面是一辆较早批次的"虎王"。

▲ 美军士兵正在检查一辆淤陷在松软地带的"猎虎"坦克歼击车。实战中,车长和驾驶员在操纵"猎虎"时可谓步步惊心,一旦出现失误,就很可能陷入这种进退两难的境地。由于重达72t,即使是"黑豹"坦克回收车也很难对"猎虎"实施拖救

变型车

虎式坦克的变型车并非本书主题,但有必要简略介绍基于虎(H)和虎(P)打造的一些衍生型号。

希特勒和德国武器局的领导们对"更好"坦克设计和技术的追求可谓永无止境。第二次世界大战期间,希特勒的浮夸作风在"重型"和"突击炮"这两个词汇上体现得淋漓尽致。希特勒对"重型""大威力""坚不可摧"的战车的热爱是无以复加的。有时,他甚至会在某型坦克形成战斗力前,就要求开发相应型号的突击炮。然而,"突击炮"一词常常会给德军高层带来困惑,这种战车地位虽高,但战术定位很容易与"自行反坦克炮"(Panzerjäger)混淆。到1943年,"突击炮"与"自行反坦克炮"的概念终于明确地合二为一了。德军此时只想得到一种类似中世纪攻城锤的战车,它的装甲要足够坚实,以顶着敌军武器的攒射为进攻部队开路。

"费迪南德"自行反坦克炮

"费迪南德"自行反坦克炮是基于虎式坦克项目开发的第一个重要衍生型号。事实上,它诞生于一个失败的设计方案。

▲ 摄于意大利,两辆 SdKfz 9 型牵引车正拖曳一辆出现故障的虎式坦克。德军的战车回收单位在战争期间展现出极高的作业效率,他们冒着枪林弹雨抢救出不计其数的受损战车。

保时捷的 Typ 101,或称 VK 45.01(P)、虎(P),存在诸多难以克服的缺陷。德军最终下令取消该项目,但这时克虏伯已经按合同生产了 100 具配套车体。

1942 年 9 月,德军计划开发一型配装 88mm 口径长身管炮的突击炮,希特勒和他的专家团队决定以既有的 VK 45.01(P)车体为基础进行改装。这型突击炮采用了极其厚重的装甲(正面厚度为 200mm),配装一门威力巨大的 88mm 口径 PaK 43 反坦克炮。

费迪南德·保时捷博士成功地解决了以汽油机为基础的油电混合动力系统的可靠性问题。为向保时捷博士致敬,德军将这型突击炮命名为"费迪南德"。量产工作在 1942 年末启动,距预定交付日期还有 4 天时,奥地利的尼伯龙根工厂完成了最后一辆"费迪南德"。

"费迪南德"自行反坦克炮列装了第 653 和第 654 重型坦克歼击营,两者均隶属第 656 重型坦克歼击团(sPzJgRgt 656)。该团还编有 1 个突击坦克营(Sturmpanzerabteilung),以及 2 个装备遥控爆破车的装甲无线电引导连(PzFklKp)。

库尔斯克战役期间,装备"费迪南德"自行反坦克炮的 2 个营共击毁苏军坦克 502 辆、反坦克炮 20 门,以及 100 多门其他类型火炮,己方只有 39 辆战损。

目前,尚有 2 辆"费迪南德"自行反坦克炮存世:一辆保存在美国弗吉尼亚州李堡(Fort Lee)的陆军军械博物馆(US Ordnance Mu-

seum），另一辆保存在俄罗斯莫斯科的库宾卡坦克博物馆（Kubinka Tank Museum）。

虎（P）坦克回收车

为回收沉重的"费迪南德"自行反坦克炮，回收分队需要更好的装备，虎（P）坦克回收车应运而生。基于虎（P）坦克底盘改装的坦克回收车共生产 3 辆，全部配发给第 653 重型坦克歼击营。

"突击虎"自行火箭炮

德军计划借助虎式坦克 E 型的底盘使 380mm 口径火箭发射器实现自行化。德军将这型自行火箭炮定名为"装载 38cm RW61 火箭发射器的突击重炮载车 606/4 型"（Sturmmörserwagen 606/4 mit 38cm RW61）"，后俗称"突击虎"。自 1944 年中期开始，"突击虎"自行火箭炮共生产 18 辆，在东西两线皆有应用。目前，有 2 辆"突击虎"自行火箭炮存世：一辆保存在德国明斯特（Münster）的战车博物馆（Deutsches Panzermuseum），另一辆保存在库宾卡坦克博物馆。

"猎虎"坦克歼击车

1943 年，德军高层决定以"虎王"坦克的底盘为基础，开发一型重型突击炮，配装一门 128mm 口径炮，同时具备极厚的装

▲▶配装380mm口径火箭发射器的"突击虎",主要用于摧毁坚固建筑和混凝土堡垒。斯大林格勒战役期间的残酷巷战催生了"突击坦克"这一概念。不过,对于到战争末期已经完全陷于守势的德军而言,坚持列装这样的进攻性战车是着实令人费解的。共有10辆虎式坦克在返厂翻修时被改装为"突击虎"

甲。为给新主炮留下足够的空间,工程师将"虎王"的底盘延长了约300mm,使重量超过70t。128mm口径炮能在3000m距离内轻松击毁所有敌军装甲车辆,而极厚的装甲(战斗室前部装甲厚度为200mm)将防护能力提高到空前的水平。不过,"猎虎"坦克歼击车的机动性只能用"非常有限"来形容。一位指挥过"猎虎"坦克歼击车部队的军官回忆说自己基本没时间布置战术,因为总要忙着为"猎

第 9 章 总 结

虎"寻找能通行的道路。

目前，有3辆"猎虎"坦克歼击车存世：一辆在英国博文顿坦克博物馆，一辆在库宾卡坦克博物馆，还有一辆在美国陆军军械博物馆。

存世的虎式坦克和"虎王"坦克

虎式坦克和"虎王"坦克的知名度很高，因此存世量并不少，你能在以下博物馆一睹它们的芳容。

虎式坦克：

  俄罗斯莫斯科库宾卡坦克博物馆

  俄罗斯列尼诺-斯涅格里（Lenino-Sengiri）军事历史博物馆

  美国弗吉尼亚州李堡陆军军械博物馆

  法国索穆尔战车博物馆（Musee des Blindes, Saumur）

  法国诺曼底维穆蒂耶尔（Vimoutiers），露天公开展示

  英国博文顿坦克博物馆

"虎王"坦克：

  比利时拉格莱兹（La Gleize）1944年12月博物馆

  英国斯文里汉（Shrivenham）国防学院（出借给博文顿坦克博物馆展出）

  英国博文顿坦克博物馆

  瑞士图恩坦克博物馆

  美国肯塔基州诺克斯堡巴顿骑兵与装甲兵博物馆

  德国明斯特战车博物馆

▼ 摄于1944年秋，一辆"虎王"坦克正准备投入战斗。作为第二次世界大战中综合实力最强的一型坦克，"虎王"同样需要精心呵护，如果能再配上一名经验丰富的驾驶员，那么它的可靠性就是有保证的

第 9 章　总　结　　245

◀ 第 503 重型装甲营的一个连正列队等待拍摄宣传片

◀ 1944年2月，所有完成改装的象式自行反坦克炮都投入意大利战场，但由于很难适应意大利乡村的地形，产生了大量非战斗性损失。1945年1月，幸存的象式自行反坦克炮悉数返回德国本土

▼ 一些美军回收人员正检查一辆被德军遗弃的"虎王"坦克。该车因右侧履带被炮弹直接击中而无法行驶。来不及开展维修或拖救作业的德军只好将它遗弃，但并没有按规章对它进行爆破处理

致　谢

我在此向为本书提供建议、帮助及照片素材的朋友们表示感谢。

我要特别感谢卡尔海因茨·蒙克（Karlheinz Münch）和亨利·霍珀（Henry Hoppe），他们为本书提供了大量历史照片和部分文字素材。我会永远感谢已经离开我们的汤姆·延茨（Tom Jentz），他是德军装甲车辆发展史方面无可非议的权威。

我在此推荐由汤姆·延茨撰写的"Panzer Tracts"丛书，这套丛书对德军装甲车辆进行了深度解析。此外，延茨还著有《德军的虎式坦克：战术篇》（Germany's Tiger Tank : Combat Tactics）和《装甲部队 第1卷/第2卷》（Panzertruppen: Volumes 1 & 2）等书。

其他相关重要参考资料还有卡尔海因茨·蒙克撰写的《德军自行反坦克炮与突击炮部队战史》（the history of German Panzerjäger and Sturmgeschütz units），以及沃尔夫冈·施耐德（Wolfgang Schneider）撰写的《德军重装甲单位战史》（the history of German heavy Panzer units）。

托马斯·安德森